LE CHASSEUR
A LA BÉCASSE

LE CHASSEUR

A

LA BÉCASSE

PAR

TH. POLET DE FAVEAUX

(SYLVAIN

PARIS

LIBRAIRIE CENTRALE D'AGRICULTURE ET DE JARDINAGE

RUE DES ÉCOLES, 62, PRÈS LE MUSÉE DE CLUNY

— AUGUSTE GOIN, ÉDITEUR. —

A M. E. X., docteur en droit.

Ainsi, mon cher Edmond, la chose est décidée; vous abandonnez les champs pour les forêts; rassasié de succès vulgaires, vous délaissez cailles, lièvres et perdreaux, pour un gibier plus noble, plus rare et plus difficile à frapper; en un mot, vous aspirez au titre de *Suarsuksiorpok!*... Que ce mot barbare ne vous épouvante pas ; c'est ainsi que les Groënlandais appellent *le chasseur à la bécasse*. Mais savez-vous que, dans notre pays, ce titre glorieux ne s'accorde, après les plus rudes épreuves, qu'aux sportsmen qui se sont distingués dans la vieille garde de Saint-Hubert ? vous, conscrit novice, qui comptez seulement quelques campagnes en plaine 'pardon du mot , ne craignez-vous pas de vous enrôler parmi ces zouaves des bois qui ont blanchi sous le carnier et les vieux chênes ? Je prévois la réplique : *Aux âmes bien nées, le talent, etc.*

Vous êtes adroit tireur, je le sais : vous savez exécuter de beaux doublés, des croisés difficiles, vous pelotez même dextrement la bécassine au vol tortueux... mais, tenez, mon cher Edmond, le chasseur de plaine qui s'aventure à la chasse de la bécasse, me fait l'effet d'un canotier d'eau douce qui voudrait manœuvrer sa frêle embarcation sur une mer agitée, au milieu des récifs.

Enfin vous demandez un pilote, et me

voilà; je ne puis refuser les conseils de mon expérience au fils de mon meilleur ami.

En parcourant les pages que je vais barbouiller à votre intention, vous remarquerez que, malgré ma longue pratique, je ne me suis pas cru dispensé de consulter les chasseurs les plus expérimentés, les écrivains cynégétiques les plus en renom; et dans tous ces ouvrages si vantés,

savez-vous ce que j'ai puisé de plus certain? c'est cet axiome dont vous comprendrez la parfaite exactitude quand vous aurez lu mon manuscrit :

Amplius invenies in silvis quam in scriptis. Ce que je traduis par ces mots : Lisez peu; chassez beaucoup.

Est-ce à dire qu'un guide soit inutile? non certes, mais il vous fera faire plus de progrès en un jour, le fusil sur l'épaule, qu'en un mois la plume à la main.

Vous vous dites sans doute : Voilà un exorde peu engageant! Ce n'est pas ma faute si je n'ai pas le talent de mentir, quoique chasseur; voulez-vous d'ailleurs vérifier la vérité de mon aphorisme? venez me voir; nous chasserons ensemble; je vous donnerai des leçons *in silvis;* par ce moyen je serai dispensé de les formuler *in scriptis;* ce sera plus amusant pour tous les deux.

Vous persistez à vouloir des instructions écrites! je me résigne… tant pis pour moi, tant pis pour vous.

I

LA PLAINE ET LE BOIS

Dans les campagnes giboyeuses que vous habitez, mon cher Edmond, le chasseur tire habituellement vingt coups de fusil à l'heure; aucun obstacle ne le gêne, il a les coudées libres; son regard plonge facilement au loin dans toutes les directions; d'avance il sait que telle compagnie

I.

de perdreaux se trouve dans telle pièce de trèfle; il sait que telle luzerne recèle des cailles, des levreaux; il aborde ces remises avec la certitude de faire feu, et se prépare en conséquence, afin d'envoyer son plomb *exclusivement* au gibier. Celui-ci part-il mal ou de trop loin? on sait où le retrouver; bientôt une meilleure occasion se présente, et comme en plaine on a toujours le temps de viser sans précipitation, il est rare que la pièce échappe.

Au bois quelle différence!

La bécasse que vous cherchez se trouve presque toujours dans les fourrés les plus impénétrables; toutes les variétés de l'églantier [1], toutes les plantes rampantes, grimpantes, accrochantes semblent se donner la main pour vous barrer le pas-

---

[1] Les paysans de l'Entre-Sambre-et-Meuse appellent toutes ces plantes *des procureurs*... quelle calomnie!

sage, et se partager quelques lambeaux de vos vêtements; tantôt c'est une ronce qui vous entortille comme le serpent de Laocoon; tantôt c'est une brindrille effilée qui vous cingle la figure comme un coup de fouet; plus loin c'est une branche qui faisant rejet, enlève votre chapeau, accroche la bretelle de votre fusil, etc., et c'est souvent dans ces moments critiques que la bécasse prend son vol à l'improviste. Vous n'avez pas une seconde pour l'apercevoir et la tirer au milieu du fouillis de feuilles et de brindilles qu'elle traverse comme un éclair.

Et puis, quelle patience, quelle résignation exige cette espèce de sport!

En Toscane, chasser la bécasse, *pigliar l'acciega*, a la même signification que notre dicton *croquer le marmot*. Pendant huit jours consécutifs vous parcourez, vous fouillez les meilleures remises sans brûler une cartouche; et pendant votre noviciat, il vous arrive d'en brûler vingt sans atteindre.

Qu'il tombe un peu de pluie, — cela se voit dans notre beau pays de Belgique, — toutes les branches, toutes les feuilles deviennent autant de petites gouttières qui attendent votre passage pour vous inonder sous forme de douches.

La pluie qui dure dix minutes en plaine, dure deux heures au bois; et notez que le brouillard, le givre et la rosée font absolument le même effet.

A ce tableau peu brillant, je dois ajouter quelques coups de pinceau d'un noir profond.

II

DANGERS DE LA CHASSE AUX BOIS

Vous avez dû vous convaincre en parcourant la chronique des *méfaits, sinistres et accidents,* que la chasse y fournit un contingent notable de victimes; tellement notable, qu'Alphonse Karr dans une de ses spirituelles [illegible] in jour :
« L'année [illegible] pour la

« chasse ; il s'est tué plus de chasseurs
« que de gibier. »

C'est au bois surtout que les accidents
sont fréquents ; et comment ne le seraient-
ils pas ? Le chasseur est obligé souvent
de se frayer un passage au milieu de fourrés, de buissons entrelacés ; le moindre
contact d'une branche peut presser la détente, et malheur à celui qui se trouve
dans la direction du tube fatal !

Les forêts où vous allez débuter appar-
tiennent à des communes ; les manants y

exercent le droit de pâturage, de glandée, de bois sec, de feuilles mortes, etc., droits funestes dont le législateur de 89 aurait bien dû décréter l'abolition dans l'intérêt des pauvres chasseurs.

Une bécasse prend son essor; vous tirez un peu haut, et vous vous imaginez que c'est l'oiseau qui tombe; pas du tout : c'est un gamin occupé à secouer la branche d'un chêne.

Vous tirez bas; un cri sinistre s'élève derrière le buisson, et vous apprend qu'une pauvre femme faucillant de l'herbe, ou ramassant du bois mort, a intercepté une partie de la charge que vous destiniez à la bécasse.

Si vous tirez horizontalement à hauteur d'homme, c'est mille fois pis encore...

Vous m'interrompez, et vous dites : Si

l'on ne peut sans danger tirer dans aucune direction, à quoi bon se charger d'un fusil ? La réflexion est juste ; aussi Belon dans son ouvrage intitulé : *Nature des oiseaux*, mentionne certaine chasse à la bécasse au moyen de deux béquilles... j'en parlerai plus tard ; elle est certes de nature à éviter toute chance d'accident.

Pour moi, *pendant les dix premières années de mon noviciat*, j'ai toujours employé un moyen qui m'a réussi : je vous le conseille, il est fort simple : c'est de ne chasser que le dimanche et les jours de fêtes ; alors les bois ne sont fréquentés que par les voleurs et les braconniers ; on n'est pas tenu à tant de précaution ; tant pis pour eux ; que ne vont-ils aux vêpres !

Plus tard, quand vous aurez plus d'habitude, vous distinguerez à cent pas le bruit d'un râteau, d'une faucille, et vous vous abstiendrez de tirer.

« La chasse au bois, dit Elzéar Blaze,
« .demande un grand sang-froid, beaucoup
« d'expérience ; je ne la conseillerais jamais
« aux débutants ; il faut avant de l'entre-
« prendre s'étudier soi-même, se juger. »

C'est aussi le conseil que je vous donne,
mon cher Edmond, étudiez-vous, jugez-
vous.

Si vous vous trouvez assez de courage
pour surmonter les obstacles, assez de
prudence pour éviter les accidents, assez
de patience pour revenir *bredouille* six fois
par semaine, chassez à la bécasse ; c'est la
plus belle, la plus émouvante des chasses ;
« Aucune musique, dit le pseudonyme
« Marksman[1], dans le *Chasseur infaillible*[2],

---

[1] *Marksman* se traduit en français par chasseur adroit,
chasseur infaillible.

[2] 1 vol. in-18, traduit de l'anglais, par Ch. Kerdoël, et
orné de 14 fig. — Prix, *franco*, 3 fr. 50. — Auguste Goin,
éditeur.

« page 211, ne résonne mieux à l'oreille
« du sportsman que le cri du marqueur
« signalant une bécasse sous bois ».

« Rien ne vaut une journée heureuse
« employée à chasser la bécasse, et il est
« incontestable que la plupart des sports-
« men sont plus fiers de tuer une bécasse
« que tout autre gibier. »

Un écrivain des plus remarquables
comme praticien, le piqueux Clamart[1],
prétend qu'il n'y a de vrais chasseurs à la
bécasse qu'aux environs de Rocroi, vers
la frontière belge.

Sans adopter cette opinion exclusive,
dictée probablement par un patriotisme
de clocher, je dois pourtant reconnaître

---

[1] *Soixante années de chasse. Pratique de la chasse.* 1 vol.
in-18 orné de 20 fig. — Prix, *franco*, 3 fr. 50. — Auguste
Goin, éditeur.

que parmi les nombreux soldats de Saint-
Hubert, il en est bien peu qui réussissent
à cette spécialité de sport. Je vais plus
loin, et je dis : nous avons une multitude
de tueurs plus ou moins adroits, mais des
chasseurs,

> *Rien n'est plus commun que le nom,*
> *Rien n'est plus rare que la chose.*

Il en est ainsi des honorables citoyens
dont bientôt vous allez porter le titre :

> *Multi erunt advocati,*
> *Pauci autem electi.*

Il y aura beaucoup d'avocats, il y en
aura peu de choisis.

III

LE VRAI CHASSEUR

Il chasse pour le plaisir de chasser; il
ne mesure pas sa jouissance au nombre
des pièces qui gonflent sa carnassière;
loin de chercher à dépeupler les bois et
les campagnes, il ne tire que le gibier
surabondant, de manière à ce que la reproduction vienne toujours combler les

vides causés par son adresse; il sait les
habitudes, les ruses de chaque espèce; il
connaît les remises, les refuites selon la
saison, la température, la direction du
vent; il ne confie pas à des gardes bru-
taux l'éducation de ses chiens; il les élève,
il les dresse lui-même avec douceur et
patience; à la chasse, s'il lui arrive de
faire *des brouettes* (le terme est reçu), il
ne se dépite pas, il n'accuse de son *fiasco*
ni la poudre ni le plomb, ni le vent ni le
soleil; il dit tout simplement : J'ai mal
tiré. Les succès d'un confrère plus heureux ou plus adroit ne le font pas mourir
de jalousie; mais il est une chose qui
l'exaspère comme un acte de déloyauté,
c'est l'assassinat d'un lièvre au gîte ou
bien en battue; aussi éprouve-t-il une répugnance extrême pour ces abatis sauvages
qui, sous le nom de traques, détruisent
en quelques heures le fruit de plusieurs
années de soins et de surveillance... vrai
massacre des innocents qui n'exige ni

science ni adresse, et dont la mode a pris naissance dans la vanité et l'ostentation.

Cette mode disparaîtrait bientôt, soyez-en sûr, mon cher docteur, si ceux qui la suivent n'avaient pas en perspective certaine réclame, toujours la même, que les journaux du pays ont soin de reproduire fidèlement comme nouvelle importante;

Voici la formule stéréotypée :

« La semaine dernière M. le marquis ***
« a donné une grande partie de chasse
« dans son magnifique domaine de... Tous
« les sportsmen les plus distingués de la
« province s'y trouvaient réunis, entre au-
« tres.... » Suit une longue nomenclature resplendissante de titres.

« On a abattu 322 lièvres, 23 che-
« vreuils, 40 faisans.

« M. le comte X. a tué 20 lièvres,
« 6 chevreuils.

« M. le baron B., autant.

« M. le chevalier Y., autant, etc. »

Eh! Messieurs *les sportsmen distingués,*
j'aurais bien meilleure opinion de votre
adresse si vous aviez abattu seulement
quelques bécassines !

L'exemple une fois donné par le marquis, le vicomte son voisin ne pouvait
rester insensible au charme de la tuerie
et de la célébrité. Puis à la suite, les
moutons de Panurge, le *servum pecus*
d'Horace, baron, quasi-baron, pseudo-
baron, néo-baron, nobillon, nobillâtre,
hobereau, châtelain, etc., ont à leur tour
brigué l'honneur de la petite réclame; et
voilà comment s'est établi cet affreux usage
que l'on ne rougit pas de décorer du nom
de *chasse!*

Puis à côté de ces hécatombes de victimes traîtreusement assassinées, ces messieurs discuteront les statuts d'une association dans le but de conserver le gibier. Quelle logique!

Il y a quelques années, une société de chasse dans la province de Namur faisait imprimer annuellement un tableau statis-

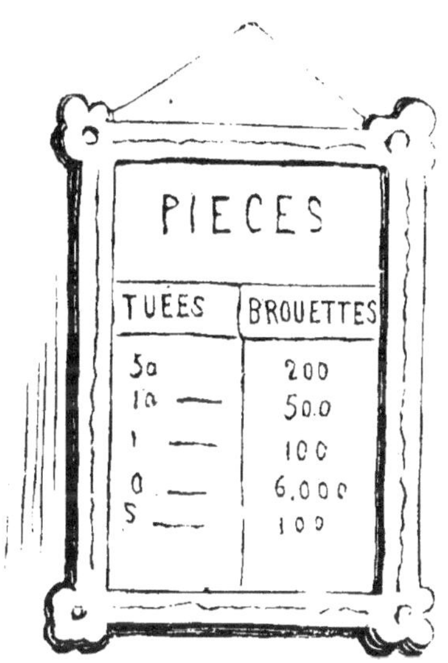

tique dans lequel on lisait : le nom de chaque associé; les battues auxquelles il avait participé; le nombre et l'espèce de pièces de gibier tirées par lui à chaque battue; sa quote part dans la destruction annuelle, etc.

La vue de ce tableau orné de brillantes enluminures, inspira à l'un de mes amis, dont je partage entièrement la manière de voir, une boutade rimée que je regrette de ne pas avoir sous la main; elle fera l'objet d'un *post-scriptum*.

Cette digression vous a sans doute paru bien longue, mon cher Edmond; mais vous allez bientôt fréquenter le barreau, vous en entendrez de plus longues et de plus inutiles.

J'aborde mon sujet.

IV

LA BÉCASSE

Rien qu'à ce mot, le cœur de tout vieux sportsman bat doucement d'espérance ou de souvenir; qu'il est agréable à la main, qu'il est agréable à l'œil cet hôte voyageur de l'arrière-saison! Ni la robe noire aux reflets chatoyants du coq de bruyère, ni le brillant plumage de l'oiseau du phase, ne charment le regard du chasseur comme la modeste tunique couleur feuille morte du gibier cosmopolite [1].

Elzéar Blaze, appelle le faisan, *l'oiseau Royal*.

Léon de Thier [2], donne la même qualification au petit tétras; pour moi je désignerais la bécasse sous le nom *d'oiseau Impérial*, si je ne craignais quelque assimilation avec certain rapace qui ne vit que de carnage et de proie.

Comme toutes les supériorités, la bécasse a ses détracteurs; les uns l'accusent d'avoir le bec trop long; vous ne lui ferez pas ce reproche, lorsque vous exhiberez

[1] « Cerf, chevreuil, sanglier, faisan, perdrix, gelinote, etc., « tout s'éclipse devant la première bécasse de la saison. » (D'HOUDETOT, *Braconnage et contre-braconnage*, p. 271.)

[2] LÉON DE THIER, *La chasse au coq de bruyère*, 1 vol. in-18. — *Franco*, 2 fr. 50. — Auguste Goin, éditeur.

Vous exhiberez ce long bec à travers le filet de votre carnier, etc. (p. 30 et 31).

artistement ce long bec à travers le filet de votre carnier, afin d'empêcher les passants de confondre ce noble gibier avec le perdreau vulgaire.

Les Espagnols l'appellent *poule aveugle (gallina ciega)*. Aveugle! un oiseau qui pendant le jour voit aussi bien que l'épervier, et aussi bien que la chouette pendant la nuit! L'a-t-on vu jamais, lorsqu'il s'élève verticalement d'un massif épais, se heurter contre les branches ou même contre les feuilles? Lancé à toute vapeur dans son vol horizontal, ne le voit-on pas au contraire se laisser choir tout à coup comme une masse inerte dans une clairière d'un mètre carré, sans que son aile effleure seulement les buissons environnants? Et le soir au crépuscule, quel vol rapide et facile dans ses nombreux méandres! Croyez-moi, bon peuple espagnol, n'accusez plus la bécasse d'aveuglement; on pourrait retorquer l'accusation contre vous ; j'ai entendu des ophtalmologistes assurer que vos yeux sont atteints d'une double cataracte : l'ignorance et le fanatisme.

En Andalousie, on appelle aussi la bécasse, perdrix radoteuse, *perdix chocha;* sa voix en effet n'a que deux notes ; mais je demande à tout chasseur qui, pendant le mois de mars, au crépuscule du soir, s'est posté dans un carrefour des bois pour l'attendre au passage, si ces deux simples phrases : *pitt pitt* et *crauw crauw,* ne lui ont pas causé plus d'émotion et de plaisir que les modulations sentimentales du rossignol, ou le joyeux ramage de l'alouette ?

A son tour le peuple français, — le plus spirituel de l'univers, à ce qu'il dit, — accuse la bécasse de bêtise et de stupidité.

Avant de répondre à cette nouvelle prévention qui n'est pas plus fondée que les autres, je crois utile, mon cher Edmond, de vous donner quelques notions d'histoire naturelle.

Tout sportsman qui veut devenir un chasseur complet, doit être un peu naturaliste. Comment chasser avec succès, si l'on ne connaît les mœurs, les habitudes du gibier que l'on se propose de poursuivre ? Certes je ne prétends pas que vous deveniez un ornithologiste aussi savant que le Hollandais Temminck, que le Français Toussenel, ou l'Américain Audubon ; mais je veux au moins vous rendre plus fort que ce chasseur fashionnable qui, voyant partir une bécasse à ses pieds, attendait, l'arme à l'épaule, qu'elle se perchât sur un chêne avant de la tirer ; ou cet autre Nemrod de salon qui cherchait avec opiniâtreté dans une pièce de pommes de terre, une *compagnie de bécasses* qu'un loustic lui avait indiquée.

Une description minutieuse me semble d'abord chose assez inutile ; un des plus grands peintres de la nature l'a dit : « On « ne peut rendre les beaux effets de clair « obscur que des teintes hachées, fondues, « lavées de gris, de bistre et de terre d'om- « bre, produisent, quoique dans le genre « sombre, sur le plumage de cet oiseau. »

Toussenel dit à son tour : « Le manteau « de la bécasse, qu'il serait très-difficile « de décrire, offre une riche bigarrure de « plaques noires et de bandes transver- « sales sur un fond roux ;..... c'est la « couleur type du gibier plume, s'il en « existe une [1]. »

La bécasse possède un organe excep- tionnel par la forme et la longueur, qui la distingue de tous les autres volatiles ;

[1] *Le Monde des Oiseaux, Ornithologie passionnelle,* 3ᵉ édit., 1ʳᵉ part., p. 405.

vous avez deviné que c'est le bec ; il est aussi démesurément long chez le courlis, la barge, etc., mais la forme en est plus ou moins différente.

C'est à cet appendice singulier que l'oiseau doit son nom dans la plupart des langues.

Sans être polyglotte, je sais que les mots

scolopax en grec, beccaria en italien, schnepfe en allemand, comme bécasse en français, ont pour racine un substantif qui signifie pointe, pieu ou bec.

Les Anglais, qui font assez ordinairement le contraire des autres nations, don-

nent à la bécasse le nom de *woodcock*, (*coq des bois*). Mais, je vous le demande, quelle analogie peut-il exister entre un oiseau inoffensif qui possède toutes les vertus familiales, et le sultan vaniteux et libertin de nos basses-cours?

Engoués de leur favori emplumé, ce tambour-major *batailleur et ridicule*[1], ils auront sans doute voulu faire un compliment à la bécasse en l'honorant du nom de coq; je proteste pour elle.

Elle n'est pas plus *coq de bois* que *poule aveugle*.

Dans cette espèce, la femelle est un peu plus grosse que le mâle, et son plumage est plus terne.

On la distingue aussi du mâle en ce que « les couvertures alaires ont un plus grand « nombre de taches blanches[2] ».

« La première penne de l'aile est jau- « nâtre, et sans taches sur la barbe ex- « terne[3]. »

---

[1] TOUSSENEL, *Le monde des oiseaux*, page 361.

[2] TEMMINCK, *Manuel d'ornithologie*, 2e édit., IIe partie, page 674.

[3] CHENU, *La chasse au chien d'arrêt... gibier plume*, page 98.

« Les principales pennes de l'aile pana-
« chées de dentelures jaune clair, comme
« celles du mâle, sont exceptionnellement
« bordées à l'intérieur d'un liséré blanc,
« signe distinctif du genre féminin [1]. »

D'après le docteur Chenu, on distingue
en France trois sortes de bécasses sous
les désignations de *grande, commune* et
petite.

La première serait d'un cinquième plus
grosse que la seconde, son plumage plus
foncé ; une teinte rosée se remarquerait
sur les pattes.

Je pense que c'est cette variété que l'on
désigne dans le midi de la France sous le
nom d'*auvergnate.*

La plus petite, dit le docteur Chenu,

[1] D'Houdetot, *Braconnage et contre - braconnage,*
page 269.

a le plumage très-foncé et les pattes bleues.

En Belgique, nous ne connaissons que deux sortes de bécasses : la bécasse ordinaire, et la petite appelée *martinet*, en Normandie et en Picardie *martinète*, et *bécasse du Nord*, dans les pays méridionaux ; elle a les couleurs plus sombres ; un grand nombre de taches et de points noirs sur les parties supérieures, et les pieds d'une teinte plombée.

M. de Neuville [1] ne signale aussi que deux sortes de bécasses, mais par une erreur que je ne m'explique pas, il dit que la grosse est plus brune et la *martinète* plus grise ; c'est le contraire qui est vrai.

Quoiqu'il en soit, toutes ces variétés ne forment en réalité qu'une seule et

[1] *La chasse au chien d'arrêt*, page 138.

même espèce qui varie selon les climats et les lieux qu'elle habite ; les différences de taille et de couleur proviennent des influences locales, d'une alimentation plus ou moins abondante, etc. Un fait vient à l'appui de cette opinion qui est celle de presque tous les ornithologistes : au Canada et dans l'Illinois, la bécasse, évidemment la même que celle d'Europe, est de beaucoup plus grande et plus forte que celle qui niche dans cette partie du monde ; cette supériorité de taille ne peut résulter que des circonstances plus favorables de nourriture ou de climat.

Je me suis demandé souvent si ce n'est pas quelque échantillon de cet oiseau du nouveau monde qui vient faire son tour de France incognito, sous le nom d'*Auvergnate*, ou de grosse bécasse de haies[1] ?

---

[1] *Traité complet de la chasse :* « Bécasse d'un tiers plus « grosse que la bécasse ordinaire avec un plumage plus « rembruni ; elle se plaît de préférence dans les grosses « haies doubles des pays couverts. »

Beaucoup d'écrivains, entre autres M. De Selys Longchamps [1], prétendent que *la martinète* est un jeune de couvée tardive qui n'a pas atteint toute sa taille. C'est possible, mais alors comment se fait-il qu'on la voit au passage du retour toujours aussi petite, quand elle a eu cinq mois de plus pour grandir ?

La bécasse « varie accidentellement :
« d'un blanc-jaunâtre, ou d'un roux-jau-
« nâtre avec les taches du plumage d'une
« teinte pâle ; souvent le plumage irrégu-
« lièrement parsemé de taches blanches ;
« quelquefois les ailes et la queue d'un
« blanc pur ; plus rarement tout le plu-
« mage d'un blanc parfait [2] ».

Ces variétés se rencontrent en Belgique... dans les musées seulement.

---

[1] *Faune belge*, page 130.
[2] TEMMINCK, *Manuel d'ornithologie*, IIe partie, page 674.

Les teintes de la bécasse sont plus brillantes en été.

La tête est presque carrée; les yeux grands, susceptibles de dilatation et de contraction comme ceux du hibou; les ailes assez longues, et les jambes courtes.

Cuvier place cet oiseau parmi les *échassiers longirostres;* va pour *longirostres,* mais *échassier!* Ses petites pattes ne ressemblent guère à des échasses; cependant il s'en sert admirablement, et sa course est aussi rapide que celle de la perdrix.

Vers la fin de mars ou au commencement d'avril, la bécasse se prépare à l'œuvre de la reproduction.

Comme tous les oiseaux qui ne perchent pas, elle fait son nid à terre, soit dans un petit buisson, soit entre les grosses racines d'un arbre et contre le tronc lui-même.

Ce nid, fait sans art, se compose de feuilles et d'herbes sèches entremêlées de quelques brindilles placées dans un petit creux naturel.

La femelle y dépose de trois à cinq œufs d'un jaune sale parsemés de petites taches d'un brun pâle; ils sont un peu plus gros que ceux du pigeon, et affectent une forme plus oblongue. Serait-ce, comme me le disait un garde, à cause de la longueur du bec du bécasseau? Je n'en sais rien. Ces œufs, que l'on dit excellents [1], sont très-rares dans notre pays; tandis qu'on en fait des omelettes au Groënland; heureux Groënlandais!

D'après Eugenio Raymondi [2], la bécasse fait une ou deux couvées.

Pendant l'incubation, le mâle a pour

[1] *Traité complet de la chasse au fusil*, p. 403.
[2] Joseph LAVALLÉE, *La chasse à tir en France*, p. 300.

la femelle les attentions les plus délicates; placé côte à côte auprès d'elle, il ne la quitte que rarement pour aller vermiller à quelques pas de sa compagne.

Les petits naissent couverts d'un léger duvet, et peuvent courir en sortant de l'œuf; les plumes sont lentes à pousser, de manière que les petits restent long-temps *en traîne,* c'est-à-dire, sous la protection de leurs parents [1].

Ceux-ci les surveillent, les soignent, et les défendent avec un dévouement et un courage admirables.

On les a vus, dans un moment de danger, emporter dans leurs pattes [2] le plus jeune ou le plus faible de la famille, et

[1] Lavallée se trompe, je pense, en disant qu'ils peuvent voler quinze jours après l'éclosion.

[2] Les petits se cramponnent sur le dos de leurs parents qui les emportent au loin. (*Traité complet de la chasse au fusil,* page 403.)

faire avec ce précieux fardeau un vol de plus de cinquante pas.

Un chasseur de mes amis a constaté le fait à deux reprises différentes dans l'ancienne forêt de Biert, qui, comme tant d'autres belles forêts, a disparu pour faire place à de laides et monotones campagnes.

On a vu la bécasse femelle se sacrifier pour ses petits, et se laisser prendre et déchirer par le chien, plutôt que de les abandonner.

N'avais-je pas raison de le dire, mon cher Edmond, cet oiseau a toutes les vertus de la famille; il est aimant et cou-

rageux; il est aussi facilement *éducable*; des jeunes bécasseaux élevés en domesticité se familiarisent au point d'accourir à la voix, à travers chats et chiens, et de venir prendre leur nourriture dans la main de celui qui les soigne; il est curieux, dit-on, de voir l'adresse avec laquelle ils savent trouver et tirer d'une motte de terre humide les vermisseaux qu'elle renferme.

Toussenel, qui dans son génie observateur avait deviné l'éducabilité de la bécasse, en constatant chez cet oiseau des cas fréquents d'*albinisme,* va jusqu'à prétendre que l'éducation de la bécasse peut devenir une industrie lucrative.

Avis aux spéculateurs! Puissent-ils abandonner l'élève du cheval pour l'élève de la bécasse! Les gastronomes ne s'en plaindront pas.

La nourriture est peu coûteuse, elle consiste en vers, vermisseaux, limaces, petits escarbots que l'oiseau trouve sous les feuilles mortes en les retournant au moyen de son bec; car il ne gratte pas la terre; quelquefois il enfonce dans le terreau humide ce singulier organe qui, mou vers l'extrémité, et d'une tactilité exquise, semble encore être doué d'un odorat parfait; en effet, l'on a remarqué que la bécasse ne plonge jamais le bec dans le terreau ou le marais au-delà des conduits olfactifs; et il est probable que c'est moins encore au toucher qu'à l'odeur qu'elle reconnaît la présence des petits êtres dont elle compose sa nourriture.

Un écrivain cynégétique, M. de Neuville, je pense, fait la remarque qu'elle affectionne particulièrement les lieux où croissent certains champignons; et il se demande si elle ne serait pas un peu *boletophage?* Je ne le pense pas. Les champignons croissent le plus souvent dans l'*humus* noir formé par la décomposition

des feuilles où la bécasse aime à véroter;
en second lieu, il est possible qu'elle ne
dédaigne pas certains petits scarabées
qui vivent dans la chair des bolets; cette
double raison explique la présence de la
bécasse dans ces lieux de prédilection.
Ce n'est aussi que fort accessoirement
qu'elle mange quelques brins d'herbe tendre ou de racine pourrie. Si parfois l'on
remarque l'empreinte de son bec dans la
fiente du bétail, c'est qu'elle y cherche

des vers ou les petits bousiers qui y foisonnent; le plus souvent, les trous forés
par ceux-ci paraissent faits par la sonde
de l'oiseau; dix fois j'ai détrompé des

gardes forestiers en leur montrant le coléoptère au fond du puits qu'il avait creusé.

J'ai déjà parlé des qualités morales de la bécasse. Je vais dire quelques mots de ses facultés intellectuelles; puissé-je la venger des calomnies dont trop lontemps elle a été la victime.

Quant à sa grande mémoire, je ne sache pas qu'elle ait jamais été contestée; la conformation de sa tête ne pouvait à cet égard laisser le moindre doute aux cranologistes; aussi, dit-on d'une personne qui retrouve facilement son chemin dans un labyrinthe, qu'elle *a la bosse* de la bécasse.

On est également d'accord sur la faculté exquise qu'elle possède de prévoir toutes les variations de l'atmosphère; bien plus infaillible que le baromètre, elle sait plusieurs jours d'avance quel sera le degré de froid ou de chaleur, et de plus, quel sera le vent dominant...

Que MM. Arago et Babinet sont bêtes auprès de la bécasse !

C'est le moment d'examiner une question délicate.

Vous n'ignorez pas sans doute, mon cher Edmond, que les hommes sont portés à confondre la bonté, la confiance avec la bêtise; dans le langage de société, *bon* et *bête* sont à peu près synonymes; si vous dites par exemple : *M. un tel est un bon enfant;* les trois quarts de vos auditeurs traduiront votre pensée par ces mots : *C'est un imbécile.*

C'est de cette manière que l'on a traduit la bonté, la douceur, la confiance de la bécasse.

Un vieux naturaliste français, Belon [1], l'appelle *moult sotte bête*. Puis très-sérieusement, sans doute pour prouver son assertion, il parle d'une espèce de chasse nommée *folâtrerie*, dont voici en peu de mots la description :

« Un chasseur couvert d'une cape cou-
« leur de feuilles mortes, et appuyé sur
« deux petites béquilles, parcourt la forêt.
« Aperçoit-il une bécasse ? il s'avance vers
« elle, et la poursuit, s'arrêtant quand elle
« s'arrête ; puis il frappe doucement les
« béquilles l'une contre l'autre ; l'oiseau
« émerveillé *s'amusera, s'affolera* telle-
« ment, qu'on pourra lui passer un lacet
« au cou. »

Il faut convenir que si de nos jours on voyait un chasseur, accoutré de cette manière, jouer du violon sur une béquille

[1] *Nature des oiseaux*, p. 273.

pour prendre une bécasse, ce n'est pas de celle-ci que l'on dirait : *C'est une moult sotte bête!*

J'aime mieux la chasse de nos facétieux ancêtres ; cette fameuse *chasse à l'écumoire,* dans les trous de laquelle les bécasses viennent s'enferrer le bec au passage du crépuscule.

Les naturalistes qui ont suivi et copié Belon, ne se sont pas donné la peine de vérifier son accusation ; tous dépeignent la bécasse comme un oiseau stupide.

Lavallée dit que c'est par allusion à sa bêtise et à la longueur de son bec que l'on dit d'une personne qui s'est laissé duper : *Elle a un pied de nez!* On connaît le dicton du midi de la France : *Bête comme une bécasse.*

Qu'en Barbarie on la nomme *l'âne des perdrix,* cela se conçoit d'un peuple bar-

bare; mais presque tous les écrivains chasseurs, mais Buffon lui-même, tombent dans la même erreur; comment le comprendre?

Si ce grand homme, qui du fond de son cabinet étudiait l'histoire naturelle par correspondance, avait daigné visiter personnellement les fourrés et les broussailles, au risque d'y laisser quelques lambeaux de ses manchettes et de son jabot de dentelles, comme son opinion se serait modifiée! Au lieu de cette réhabilitation terne et prosaïque que j'entreprends, vous liriez ici quelques pages brillantes en l'honneur du noble et intelligent oiseau.

La bécasse a naturellement du penchant pour l'homme; Aristote en avait fait la remarque... Sa confiance est telle, que de prime abord, elle ne s'envole que sous les pieds du chasseur; souvent même sans la présence du chien, elle resterait blottie. Mais lorsque les coups de fusil, lorsqu'une poursuite acharnée lui apprennent que l'homme est un ennemi, quel changement d'allures! Elle prend son essor de loin; elle plonge derrière les buissons pour se dérober à l'œil du chasseur; elle tâche de placer le tronc d'un arbre entre elle et lui. Se trouve-t-elle dans une clairière ou dans un lieu découvert? son vol est hérissé de crochets, de plongeons, de zigzags imprévus. Souvent elle fait semblant de prendre une direction qu'elle abandonne tout à coup pour se jeter à droite ou à gauche afin de mieux cacher sa retraite; une fois posée, voyez-la piéter rapidement, tourner autour des buissons, mêler ses voies, revenir sur ses pas, prendre un vol rasant de quelques mètres, etc., enfin manœuvrer comme fait le lièvre pour rompre sa piste, et mettre en défaut le chien le plus expérimenté; puis n'a-t-elle pas toujours, avant de se blottir, la précaution de choisir un refuge qui s'harmonise avec la couleur de son plumage?

Vous serez témoin de toutes ces ruses,
mon cher Edmond, et vous vous direz :
Il n'est pas vrai que la bécasse soit d'un
naturel stupide et d'un instinct obtus.

Voulez-vous savoir pourquoi Toussenel
partage l'opinion de Belon ? C'est que dans
son système d'analogie entre chaque espèce d'oiseaux et chaque métier ou pro-

fession des hommes, il voulait faire de la
bécasse l'emblème de la *bigote;* dès lors

il devait la trouver *bête* et *aveugle*, il
aurait même dû ajouter *méchante*.

Mais écoutez le praticien par excellence,
l'ancien piqueux Clamart, qui pendant
soixante années a vécu le fusil sur l'épaule
dans les grandes forêts du département
des Ardennes et des départements voisins :

« Il est reçu dans le monde, dit-il, que
« la bécasse est stupide ; elle mérite si peu
« cette réputation que je soutiens, moi, qui
« depuis 60 ans la connais dans toutes
« ses habitudes, qu'en chasse il n'y a pas
« d'oiseau plus défiant et même plus
« rusé [1]. »

A cette opinion si positive, je suis heureux de pouvoir ajouter celle du pseudonyme Marksman [2] :

[1] *Soixante années de chasse*, 1 vol. in-12, p. 173.
[2] *Le chasseur infaillible*, 1 vol. in-18, p. 220.

« La bécasse est beaucoup plus rusée
« qu'on ne le croit généralement; et, lors-
« qu'elle a échappé au plomb, elle paraît
« s'en souvenir, et fait tout pour embar-
« rasser celui qui la poursuit. Lorsqu'elle
« a été poursuivie une fois, elle se blottit
« et se tient très-bien cachée dans l'attente
« d'une deuxième poursuite, de sorte qu'il
« faut battre très-activement le fourré pour
« la faire lever de nouveau. »

Mais pourquoi ajouter quelque crédit
à ces phrases d'usage, à ces dictons po-
pulaires qui pour être anciens n'en sont
pas plus justes?

Ne dit-on pas *béte comme une oie :* —
l'oiseau le plus défiant, le plus malin, le
sauveur du Capitole?

Ne dit-on pas *fin comme un merle :* —
l'oiseau bavard et étourdi qui se fait prendre à tous les piéges?

Il n'est pas étonnant qu'une erreur semblable, en ce qui concerne la bécasse, se soit propagée de livre en livre et d'âge en âge, comme tous les préjugés...

Vous me demanderez sans doute pourquoi cette longue plaidoirie pour démontrer qu'écrivains et chasseurs se sont trompés pendant des siècles.

Pourquoi? parce que si vous pensiez que la bécasse est bête, vous la chasseriez bêtement, vous reviendriez toujours *bredouille*, et la responsabilité de vos corvées retomberait de tout son poids sur votre professeur.

C'est donc un triple intérêt qui m'inspire : le vôtre, le mien, et celui d'un brave oiseau calomnié trop longtemps.

———

La Chasse à courre.

V

QUELLE EST LA PATRIE DE LA BÉCASSE ?

Les contrées du nord, le Danemark, la
Suède, la Norwége, l'Islande, le Groënland, d'après les uns ; d'après les autres,
qui ont suivi l'opinion de Buffon, la bécasse habite pendant l'été les sommets
des hautes montagnes de l'Europe, des
Alpes, des Pyrénées, de la Savoie, de la

4.

Suisse, du Dauphiné, du Jura, des Vosges, etc.

Louis Viardot affirme que l'on trouve en tout temps la bécasse dans les montagnes de l'Écosse [1].

Vous avez compris, mon cher Edmond, que la patrie d'un oiseau est le pays où il niche, où il élève sa famille, et non celui qui lui sert seulement d'étape lors de sa migration périodique.

Il reste toujours quelques bécasses en été dans les cantons élevés de la France, et dans ses grandes forêts comme Compiègne, Vincennes, Sénart, Marly, Saint-Germain. J'allais ajouter Bondy, mais hélas! encore une belle forêt qui disparaît sous la hache des novateurs vandales.

Ce n'est qu'accidentellement et lorsque

[1] *Souvenirs de chasse.* p. 457.

le printemps est froid et humide qu'elles
font leur nid en Belgique dans les contrées les plus élevées.

On le conçoit facilement; un oiseau qui
se nourrit au moyen d'une espèce de sonde
qu'il enfonce dans un sol humide, doit
éviter le pays où la sécheresse ou bien le
froid durcit la terre, et la rend impéné-
trable. Il rencontre cette température
moyenne et humide, pendant le printemps
et l'été, dans les contrées septentrionales
que je viens de nommer.

Dans les hautes montagnes, la bécasse
peut toujours aussi se procurer une température qui lui convient, et choisit un
point intermédiaire entre *la rose et la
neige,* comme dirait certain poëte.

Aussi, rencontre-t-on cet oiseau pendant toute la belle saison dans les parties
boisées des hautes montagnes de l'Europe.

M. d'Houdetot combat cette opinion, et M. Palassou, qu'il cite, affirme que les chasseurs les plus expérimentés, ceux qui passent leur vie à poursuivre les isards,

rencontrent rarement la bécasse dans les lieux que l'on considère comme son séjour habituel.

Je reviendrai sur ce sujet à propos d'une discussion mémorable.

La bécasse est un oiseau essentielle-ment voyageur et cosmopolite.

On signale sa présence dans presque tout l'univers. *Nulla non in regione reperitur hæc avis,* disait Aldrovande. (Je puis parler latin au docteur *in utroque jure.*) Gesner fait absolument la même remarque qu'Aldrovande. On la trouve en Sibérie, en Islande, comme dans les îles du Sénégal et de Guinée.

Une chose remarquable dans cette ubiquité de la bécasse, c'est qu'évidemment originaire des pays froids, elle puisse s'habituer au climat de la zone torride.

Le grand froid n'est cependant pas de son goût. Le capitaine Ross qui a observé le passage de tous les oiseaux voyageurs de l'Europe, n'a pas vu une seule bécasse à l'époque de sa migration annuelle, durant son voyage dans les régions arctiques de 1829 à 1833.

VI

QUAND LA BÉCASSE ARRIVE-T-ELLE ?

« La bécasse arrive en Angleterre dès
« la seconde semaine d'octobre », dit
Marksman [1], « mais on ne doit attendre
« les grandes volées que vers la fin de ce
« mois. »

[1] *Chasseur infaillible*, p. 213.

Dans le nord de la France, vers le 1ᵉʳ octobre [1].

Dans les départements du midi, le 20 du même mois [2].

Elle paraît ordinairement en Belgique vers le 15 octobre, et son passage se continue jusqu'à la fin de novembre.

Anciennement on la tirait à l'abreuvoir dès le 15 du mois de septembre; ce qui prouve qu'alors, beaucoup de ces oiseaux nichaient dans notre pays.

Au reste, leur migration dépend de circonstances si diverses, si multipliées, qu'il est impossible d'en préciser le moment; le froid n'est-il pas parfois plus vif à Paris qu'à Saint-Pétersbourg ?

CLAMART, *Soixante années de chasse*, p. 174.

[2] *La chasse au chien d'arrêt et au chien courant dans le midi de la France.*

La bécasse est tellement sensible aux variations de la température, que la moindre perturbation dans les hautes régions où elle effectue son voyage peut en changer la direction, accélérer ou retarder le jour de l'arrivée.

C'est la raison pour laquelle certaines localités, ordinairement privilégiées, sont dépourvues de bécasses pendant toute une saison, tandis que ces oiseaux se sont abattus en grand nombre sur des pays qu'elles ne visitent qu'accidentellement.

La pleine lune de novembre est appelée la *lune des bécasses;* c'est à cette époque qu'on en rencontre le plus, du moins ordinairement.

Elles arrivent pendant la nuit, et rarement pendant le jour, par un temps sombre et couvert. Un sportsman des environs, le comte de G***, m'a affirmé avoir été témoin de l'arrivée diurne de plusieurs de ces oiseaux; c'était pendant une matinée

sans brouillard, mais le ciel était tellement couvert de nuages qu'on n'y voyait guère plus qu'au crépuscule. L'erreur n'est cependant pas possible, car ayant remarqué la remise des voyageuses, il en tira deux.

Willougby dit aussi : *Cœlo nebuloso advolare et avolare discuntur.*

D'après Buffon et De Merle [1], elles ne voyagent qu'au clair de lune.

M. d'Houdetot prétend au contraire que cette circonstance suffit pour retarder leur passage de toute une semaine [2].

Un fait certain, c'est que les brouillards sont favorables; peut-être parce qu'ils les forcent à séjourner et les empêchent de continuer rapidement leur voyage.

Mais, dira-t-on, la même cause qui s'oppose à leur départ doit s'opposer à leur arrivée?

Oui, si cette cause existe dans les contrées d'où elles viennent, non, dans le cas contraire.

[1] *La chasse au chien d'arrêt et au chien courant dans le midi de la France*, p. 138.

[2] *Le chasseur rustique*, p. 207.

Le brouillard est bien un obstacle à ce que ces oiseaux entreprennent ou continuent leur migration ; mais il ne les empêche pas de s'abattre lorsqu'ils sont fatigués ou pressés par la faim.

Les vents d'est et du nord-est sont ceux qui en amènent le plus dans nos provinces ; le vent du sud est moins bon.

Les auteurs — chose étonnante, — sont assez d'accord sur ce point ; je ne connais qu'une seule voix discordante, celle de M. De Merle : « Le vent du sud, règle « générale, dit-il, est le seul qui facilite le « passage d'automne ; s'il s'effectue par-« fois avec le vent du nord, c'est lorsque « les montagnes du septentrion se cou-« vrent subitement de neige [1]. »

D'après le même écrivain, la bécasse

---

[1] *Ouvrage déjà cité.*

passe la saison froide dans plusieurs contrées du midi de la France, en Espagne et surtout en Afrique.

Le retour a lieu du 5 au 25 mars, sans que l'on puisse cependant avoir plus de certitude à cet égard que pour le passage de l'arrière-saison.

S'il n'est pas rare de rencontrer des bécasses dès le 25 février, il n'est pas plus rare d'en voir encore au 10 du mois d'avril.

Un écrivain, dont j'ai oublié le nom, prétend que l'on en voit en plus grand nombre au moment du retour, parce que, dit-il, ce passage est de courte durée, et qu'elles sont pressées d'atteindre les contrées où elles doivent se reproduire.

Les chasseurs belges font tous la remarque opposée.

On en rencontre beaucoup plus en automne qu'au printemps ; le passage de retour ne dure en effet que trois semaines, tandis que le premier se prolonge pendant deux mois ; mais, comme ces bataillons que l'on voit partir au grand complet pour une guerre lointaine, et qui reviennent décimés, réduits à quelques compagnies, de même nos oiseaux voyageurs laissent en route bien des victimes ; le plomb, les piéges de toute espèce, le renard, l'oiseau de proie, font de terribles trouées dans leurs escadrons ailés, et bien peu de ces émigrés volontaires revoient leur patrie.

Est-ce *la martinète* qui paraît la première en automne, ou bien est-ce la bécasse ordinaire ?

Le piqueux Clamart, qui regarde la martinète comme un jeune de l'année, s'exprime ainsi : « Au mois d'août, les

« bécasseaux qui sont nés dans notre pays,
« passent au nord, d'où ils reviennent au
« commencement d'octobre comme *pre-*
« *mières bécasses* [1] ».

Quelques chasseurs prétendent que c'est
la grosse qui forme l'avant-garde [2]. *Adhuc
sub judice lis est.* Ce n'est pas moi qui
déciderai le procès.

Les bécasses que j'ai vues au commencement de chaque passage, étaient tantôt
des *martinètes,* tantôt des autres… et je
dois faire ici un aveu qui va peut-être
faire crier *haro!* et m'enlever l'estime de
bien des sportsmen : il m'est arrivé de ne
pouvoir certifier que telle bécasse fût une
martinète, ou bien une bécasse ordinaire,
tellement il existe entre ces deux variétés,
parfois bien tranchées, des variétés inter-

---

[1] *Soixante années de chasse,* p. 183.

[2] Chenu, *La chasse au chien d'arrêt,* p. 98.

médiaires sous le rapport du plumage et de la taille.

Les vieux chasseurs indiquent trois époques principales de passage :

A la St-Michel ;

A la St-André ;

A la St-Thomas.

On dit aussi proverbialement : *A la saint Rémy, bécasse en tous pays.*

Mais quelle influence peuvent-ils avoir sur le passage du gibier, tous ces saints étrangers au noble plaisir de la chasse ?

Parlez-moi de notre *grand saint Hubert ;* et si vous voulez un jour qui offre des chances heureuses, choisissez le jour de sa fête, surtout avec vent d'est, petite

Le grand saint Hubert.

gelée, et brouillard. Le miracle n'aura pas lieu sans ces conditions atmosphériques.

Les provinces de Luxembourg, du Limbourg, et de Namur, sont, en Belgique, celles que la bécasse affectionne particulièrement ; elle était surtout commune dans l'entre-Sambre-et-Meuse ; mais elle dédaigne aujourd'hui ce beau pays depuis qu'on l'a déshonoré en le dépouillant de ses grandes forêts, Malagne, Biert, bois des Chanoines, bois du Prince, etc.

En France, les régions privilégiées sont : à l'ouest, la Bretagne, la Vendée, les Landes.

A l'est, l'Alsace, le Bugey, les Alpes.

Au centre, le Cantal, les Cévennes.

VII

LES BÉCASSES VOYAGENT-ELLES ISOLÉMENT
OU EN COMPAGNIE ?

Buffon dit qu'elles arrivent *une à une,*
ou *deux à deux.*

De Neuville est du même avis.

On sait qu'en règle générale, les oiseaux

qui exécutent leur passage pendant la nuit, volent en société.

Pourquoi la bécasse ferait-elle exception ?

Je pense qu'elle voyage par grandes volées moins compactes cependant que celles des autres oiseaux voyageurs tels que grues, oies, canards, etc.

On a vu, dit Touffenel, des bécasses fatiguées s'abattre en vols nombreux sur le pont des navires.

Eh quoi, dit d'Houdetot, la veille on n'a pas vu une seule bécasse, et le lendemain on ne fait pas cent pas à dix lieues

à la ronde, sans en lever ; et l'on préten-
drait qu'elles arrivent par deux ou trois ?
— Cela n'est pas soutenable.

A part l'exagération un peu cynégétique de cette exclamation, il est certain
que souvent l'on en fait lever six à sept
dans un rayon restreint, tandis que, dans
les environs, on fouillerait vainement plusieurs centaines d'hectares sans en apercevoir une seule. *Experto crede.*

La bécasse voyage donc en troupe, car
il est impossible de soutenir que ces réu-
nions soient l'effet du hasard.

Cependant, excepté lors du passage du
mois de mars, lorsque déjà quelques-unes
sont appariées, il est rare d'en voir deux
à la fois dans le même buisson.

Pourquoi s'isolent-elles donc après avoir
voyagé en compagnie ? Peut-être chacun

de ces oiseaux a-t-il besoin de certaine
étendue de terrain pour pourvoir suffi-
samment à son alimentation, car il con-
somme beaucoup... Clamart prétend
qu'il faut environ cent mètres de bois
marécageux pour nourrir deux bécasses [1];
quels gargantuas! L'industrie nouvelle
que je voulais substituer à l'élève du cheval me paraît peu chanceuse.

[1] *Ouvrage déjà cité.* p. 174.

VIII

D'OÙ NOUS VIENT LA BÉCASSE ?

Cette question qui se rattache intime-
ment à celle des lieux qu'elle habite et où
elle se propage, a fait surgir entre les
écrivains de Saint-Hubert une discussion
aussi embrouillée que peu courtoise.

On aurait pu croire, à la manière dont

tel sportsman *argumentait*, qu'il était

membre d'une académie ou d'un parlement quelconque.

Tant de fiel entre-t-il dans l'encrier d'un chasseur ?

Au risque d'être fort ennuyeux, je dois vous donner une idée de cet imbroglio. C'est la punition que je vous inflige pour avoir refusé mon invitation à venir chasser quelque temps avec votre professeur.

Le naturaliste Belon avait dit, dans son vieux langage : « La bécasse est oiseau se « tenant l'esté en hautes montagnes des

« Alpes, Pyrennées, Savoie et Auvergne,
« où les avons souvent vues en temps
« d'esté; mais elles se partent l'hiver pour
« venir chercher pâture çà bas par les
« plaines et taillis. »

Plus loin il ajoute : « L'esté à la mon-
« taigne, et l'hiver en plaines, là ou tan-
« dis que les hautes montagnes sont con-
« gelées, hantent les sources chaudes et
« autres lieux humides pour pâturer,
« tirent les achées, autrement dits verms,
« hors de terre avec leur long bec. »

« La bécasse, dit Buffon, descend des
« hautes montagnes où elle habite pen-
« dant l'été et d'où les premiers frimas
« déterminent son départ et nous l'amè-
« nent, *car ses voyages ne se font qu'en*
« *hauteur* dans la région de l'air, et non
« en longueur comme se font les migra-
« tions des oiseaux qui voyagent de con-
« trées en contrées ; c'est des sommets des

« Pyrénées et des Alpes, où elle passe
« l'été, qu'elle descend aux premières nei-
« ges qui tombent sur ces hauteurs dès
« le commencement d'octobre, pour venir
« dans les bois des collines inférieures jus-
« que dans nos plaines. »

Vous le voyez, c'est une traduction élégante de Belon. A son tour, Elzéar Blaze professe la même opinion sur le *voyage vertical* de la bécasse.

D'autres écrivains, raisonnant par analogie, soutiennent que sa migration est semblable à celle des autres oiseaux de passage, et qu'elle s'effectue du Nord au Midi.

Selon M. de Merle, la bécasse vient de diverses contrées du centre de l'Europe; des parages traversés par la Baltique, le golfe de Finlande, des environs de Saint-Pétersbourg, etc.

Le docteur Chenu dit qu'elle voyage du nord au midi, et de l'est à l'ouest.

Ainsi, en récapitulant, je trouve qu'elle vient :

1° *De haut en bas* ; 2° *du nord au midi* ; 3° *du nord-est au sud-ouest* ; 4° *de l'est à l'ouest* ; il reste encore une lacune, on va la combler, soyez tranquille.

Dans deux de ses ouvrages [1], M. d'Houdetot opine que la bécasse arrive principalement *de l'ouest* et *du sud-ouest* (il devrait ajouter, du *midi*, puisqu'il dit aussi qu'elle vient de l'*Afrique*) de l'Amérique du Sud, des Antilles, du Mexique, etc. [2].

---

[1] *Le chasseur rustique* et *Braconnage et contre-Braconnage.*

[2] La bécasse passe facilement d'Amérique en Afrique en passant par-dessus la France, l'Espagne et l'Italie. (TOUSSENEL.)

Les motifs dont il appuie son opinion paraissent puissants.

En général, dit-il, les oiseaux volent *vent debout*, c'est-à-dire le bec dans le vent. Les bécasses arrivent ordinairement par les vents d'est ou du nord-est, donc, elles doivent venir des points directement opposés, c'est-à-dire de l'ouest ou du sud-ouest.

Lors de leur arrivée, le littoral de l'Océan et de la Méditerranée en est couvert, avant qu'on les signale dans l'intérieur du pays; donc, etc.

Beaucoup se brisent la tête en arrivant contre les phares maritimes, du côté de la mer; donc, etc.

Le seul tort de l'écrivain est de conclure de certains cas particuliers à la règle générale. De ce qu'il est établi que *des bécasses* arrivent d'au-delà des mers, il ne s'en suit nullement qu'elles arrivent *toutes.*

Dans l'une des prémisses de son argumentation, M. d'Houdetot pose en principe que les oiseaux de passage voyagent toujours *contre le vent.*

Mais voilà qu'un savant de Genève vient renverser cette théorie de fond en comble.

Il divise les oiseaux en deux catégories : celle des *rameurs*, et celle des *voiliers.*

Selon M. Hubert, l'aile des rameurs est mince, déliée, et peu convexe; celle des voiliers est épaisse, massive, arquée, et moins ouverte pendant le vol.

Les premiers, grâce à la conformation de leur aile, volent *contre le vent*, la tête haute et portée en avant ; ils s'élèvent dans les plus hautes régions, et se dirigent sans peine de tous côtés, tandis que les autres ne volent que *vent en arrière.*

En lisant cette belle découverte, je croyais trouver le fil d'Ariane qui devait me guider au milieu de ce labyrinthe d'opinions si diverses ; mais ne voilà-t-il pas que par une fatalité singulière, l'aile de la bécasse semble intermédiaire entre celle des *voiliers* et celle des *rameurs !* Je suis donc aussi perplexe que jamais ; et si l'on me demande d'où vient la bécasse, je répondrai avec assurance : Je n'en sais rien ; mais de quelque part qu'elle arrive, elle est la bienvenue.

Et vous, mon cher, lorsque vous l'au-

rez chassée pendant quelques années avec
succès, vous serez d'avis qu'elle vient...
du Ciel, et vous écrierez avec le chasseur
rustique :

« Salut oiseau divin que le plus blasé
« des chasseurs n'aperçoit jamais sans
« émotion; tes formes, ton plumage, tes
« allures inusitées, tout décèle l'oiseau
« exotique dont la venue a été décrétée
« par la Providence pour adoucir le pas-
« sage — triste sans toi — de l'automne
« à l'hiver! »

IX

HABITUDES DE LA BÉCASSE [1]

A son arrivée, la bécasse se laisse tomber partout : dans les petits bosquets, le long des haies, et jusque dans les jardins légumiers.

---

[1] C'est le gibier plume le mieux caractérisé, et celui dont on connaît le moins les mœurs. (D'Houdetot, *Chasseur rustique*, p. 261.)

En Angleterre, elles arrivent tellement fatiguées, tellement épuisées par leur voyage, que s'il n'y a pas de bois près du point de la côte où elles s'abattent, elles vont se reposer dans les endroits découverts, ou elles se blottissent pour reposer leurs membres fatigués ; alors on les trouve dans les broussailles, dans les bruyères, les haies, derrière les roseaux ou toute autre végétation qui peut leur donner un abri momentané et qui se trouve à leur portée [1].

Chez nous, qu'elles aient fait une station en Angleterre ou ailleurs, on ne remarque pas qu'elles soient dans cet état d'épuisement ou de fatigue, les premiers jours de leur débarquement.

On ne le remarque pas non plus sur les côtes maritimes de la Normandie ou

[1] MARKSMAN, *Le chasseur infaillible*, p. 213.

de la Bretagne, où elles s'abattent en si grand nombre.

Peu de temps après leur descente, elles choisissent un taillis qui leur convient comme abri et comme pâturage.

Encore ici, mon cher Edmond, vous allez admirer l'entente cordiale qui règne parmi les écrivains sportsmen, *quot capita, tot sensus.*

Le docteur Chenu recommande les taillis de cinq à six ans. — D'Houdetot ceux de six à sept ans.

L'almanach du chasseur, ceux de huit à dix ans.

Clamart, ceux de dix à quinze ans au mois de mars, et ceux de seize à dix-huit ans à l'arrière-saison, et il ajoute la lisière des grands taillis et des taillis de deux ans[1].

[1] *Soixante années de chasse,* p. 175.

6.

Et cependant, ils peuvent avoir tous parfaitement raison, et c'est le cas de dire votre axiome de droit : *Locus regit actum*.

Ce n'est pas à cause de son âge que la bécasse préfère tel bois à tel autre, mais parce qu'il paraît lui offrir plus de sécurité, une alimentation plus facile.

Ne voit-on pas beaucoup de demoiselles agir de même en matière de mariage? Sans cette considération, les vieux auraient toujours tort, taillis et maris.

Ainsi dans telle localité, les vieux taillis, les gaulis même, seront privilégiés, tandis que dans une autre, les jeunes auront la préférence.

En ce qui me concerne, je dois dire que les taillis les plus heureux, dans la commune où je chasse habituellement, sont ceux de cinq à dix ans.

C'est une erreur de croire que la bécasse affectionne les bois humides et marécageux; on ne l'y rencontre que lorsqu'il fait très-sec. Ce n'est que pressée par la faim, dit Marksman, qu'elle fréquente pendant la journée les terrains humides et les sources.

Cependant, au passage du retour, c'est-à-dire au mois de mars, elle paraît séjourner plus volontiers dans le voisinage des ruisseaux et des sources; le sentiment qui l'anime à cette époque explique assez son goût pour le bain et la toilette [1].

En général, la bécasse aime la pente d'une colline exposée au soleil, surtout si le taillis est garni de·massifs bas et semés de ronces, de fougères, et de petits buissons de houx, sous lesquels elle repose volontiers.

[1] Au printemps, dit Clamart, elle ne se baigne pas *pendant le crépuscule*, comme à l'arrière-saison.

Marksman dit aussi qu'on la trouve plus fréquemment dans les bois où pénètrent les rayons du soleil, qui leur prêtent un aspect de gaité, que dans ceux exposés au nord.

Les meilleures expositions sont donc celles du midi et du levant.

Dans le Jura, elle fréquente les forêts de sapins et les taillis de chênes verts, sous lesquels croît une mousse épaisse où foisonnent les vers et les limaces.

Elle vermille souvent pendant le jour dans les environs de sa retraite; aussi évite-t-elle les endroits couverts de grandes herbes ou de plantes qui gêneraient sa marche.

Que la bécasse vérote ou pâture, comme je viens de le dire, c'est un fait qui ne peut être révoqué en doute; que

de fois on la tue, le bec encore couvert
d'une boue récente, ou tenant un ver à
demi ingurgité... quelle digestion, pauvre
bête !

« Lorsque l'air est calme, elle préfère
« les collines élevées; elle descend vers les
« points inférieurs par un vent violent. »
(De Merle.)

Quelques-unes passent l'hiver parmi
nous; on les rencontre presque toujours
aux environs des sources chaudes, surtout pendant la gelée, qui les empêche de
s'alimenter partout ailleurs.

Dans le midi on les appelle *cagnardes*,
(paresseuses) ou *sédentaires*, parce qu'elles
se trouvent presque toujours au même
lieu.

Les taillis très-vieux, ou gaulis, sont
peu favorables; sans doute parce qu'ils

sont dégarnis du pied, et que la bécasse
y trouve difficilement un abri pour se
blottir.

Ainsi que je l'ai dit, ce n'est que lorsque la sécheresse dure quelque temps,
que la bécasse se cantonne dans les environs d'une mare, ou d'une eau courante.

Se cantonne, j'ai lâché un vilain mot;
il excitera peut-être encore la bile de
M. de Curel.

Prétendriez-vous par hasard, me dira-
t-il avec ce ton d'Aristarque qui lui sied
si bien, prétendriez-vous que la bécasse
choisit un cantonnement pour y séjourner
pendant tout le temps du passage?

Déposez votre férule, maître, telle n'est
pas l'interprétation que je donne à ce mot
fatal; tel n'était pas non plus le sens qu'y
attachait M. Léon Bertrand, lorsqu'à ce

propos, vous lui avez suscité une querelle un peu germanique.

Nous le savons aussi bien que vous, la bécasse ne fait élection de domicile dans notre pays que pour quelques jours, puis elle part, et fait place à une autre voyageuse.

Cependant, comme le fait observer l'ancien directeur du *Journal des Chasseurs*, au mois de mars, quelques-uns de ces oiseaux *se cantonnent* tellement, qu'ils nichent dans presque toutes les grandes forêts de la France.

Au passage d'octobre, il est rare que la bécasse séjourne pendant une semaine au même endroit.

Un observateur superficiel pourrait s'imaginer qu'elle y demeure plus longtemps, et voici comme : une première

débarquée, après un court séjour, continue son voyage ; une seconde la remplace
dans le même quartier ; et ainsi successi-
vement, de manière que l'on prend pour
une seule bécasse toutes celles qui occu-
pent le même domicile.

Aucun sportsman n'ignore qu'il existe
dans les forêts certains coins privilégiés ;
et, — chose étonnante, — on dirait que
chaque année amène un changement à
cet égard.

Ainsi, un vieux Nemrod plein d'expérience me disait : Remarquez l'endroit où
vous levez les premières bécasses, et
fouillez-le pendant tout le passage, probablement vous en rencontrerez d'autres.

A propos de ces lieux de prédilection
et de bénédiction, il existe parfois au milieu des campagnes, à certaine distance
des bois, quelque pièce de terre qui attire

toutes les bécasses des environs, et où elles se rendent pour pâturer pendant la nuit.

C'est dans ces oasis fortunées que les braconniers vont tendre lacets, rejets; tous leurs maudits engins de destruction.

La nature du sol, l'abondance de la nourriture, expliquent sans doute cette prédilection de la bécasse; mais ce n'en est pas moins une nouvelle preuve de la mémoire et de l'odorat exquis de cet oiseau.

Il n'est pas difficile, soit au bois soit en plaine, de reconnaître les lieux fréquentés par la bécasse; l'empreinte de son bec dans les taupinières nouvelles, dans les bouses du bétail, la trace de ses pieds sur la terre humide, les taches larges, blanches et inodores de sa fiente, tels sont les signes auxquels un sportsman ne peut guère se tromper.

Lorsque la bécasse est blottie, si l'homme ou le chien s'approche de sa retraite, elle s'aplatit sur les feuilles mortes, étendant le cou et le bec à terre. Dans cette position, la couleur de son plumage s'harmonise tellement avec celle de ces feuilles, qu'il est presque impossible de l'apercevoir; on assure qu'il n'y a que l'éclat de ses grands yeux qui puisse la trahir.

Sans chien, dit Elzéar Blaze, on passerait dix fois à côté d'une bécasse sans la voir et sans la lever.

Serait-il vrai, comme on l'assure, que son bec lui serve de levier pour prendre son essor? On ne comprend pas en effet qu'un oiseau, ayant les pattes courtes et les ailes longues, puisse s'élever du sol avec une rapidité parfois prodigieuse.

Au crépuscule du soir, toutes les bécasses prennent leur vol, et se rendent soit à une mare, soit au bord d'une eau courante — qu'elles préfèrent : — elles s'y lavent les pieds et le bec. Après cette opération, elles se dirigent en volant vers les campagnes ou vers les prairies, où elles restent toute la nuit à chercher leur nourriture.

A l'aube du jour, elles reviennent au lavoir, et après avoir fait leur toilette, elles rentrent sous bois, elles y restent toute la journée, soit encore occupées à se nourrir, soit même se reposant.

Ce besoin de prendre leur essor au crépuscule du soir ou du matin, est si puissant, qu'il se manifeste même lorsqu'elles sont enfermées dans une volière ou dans une chambre.

Pendant le jour, elles ne prennent jamais leur vol que forcément.

X

VOL DE LA BÉCASSE

De tous les oiseaux que l'on chasse, la bécasse est celui dont le vol est le plus varié.

Tantôt lent et direct, comme celui d'un perdreau novice; tantôt rapide, saccadé, anguleux, comme celui de la bécassine.

Dans les taillis fourrés, la bécasse prend son essor avec bruit; en quelques coups d'aile, elle s'élance verticalement jusqu'au sommet des branches; puis elle prend un vol horizontal qu'elle accélère ou ralentit à son gré, sans cause apparente.

« La vitesse du vol de la bécasse, dit
« Marksman, varie considérablement sui-
« vant l'endroit d'où l'oiseau est parti,
« suivant la saison de l'année, l'heure du
« jour, la force du vent, etc. Il est quel-
« quefois lent, pénible et lourd; d'autres
« fois il est brisé, capricieux, tortueux;
« d'autres fois encore, il est rapide comme
« celui du faucon; il est souvent au dé-
« part lourd et paresseux, et un instant
« après il atteint une rapidité et une force
« surprenantes[1]. »

Le bruit de son vol, au départ du fourré,

_____

[1] *Le chasseur infaillible*, p. 223.

a beaucoup d'analogie avec celui que fait le ramier quand il quitte la branche où il est perché.

Lorsqu'elle file en rasant le sol, le bruit est presque imperceptible.

C'est presque toujours de cette manière qu'elle s'esquive dans les clairières et dans les hauts gaulis dégarnis du pied.

Elle suit aussi les grands chemins des bois en volant à quelques pieds du sol.

Mêmes allures lorsque, poursuivie à outrance, l'inquiétude lui fait abandonner ses remises ordinaires, et traverser les campagnes pour chercher un abri plus sûr.

Se trouve-t-elle à la limite d'un taillis ? Elle en suit souvent le contour extérieur en rasant la haie ou le fossé.

D'autres fois elle s'élève sur un angle plus ou moins aigu jusqu'au sommet de la futaie, avant de prendre son vol horizontal.

Lorsqu'elle a essuyé le coup de fusil, elle redouble de ruse et de défiance ; si elle se laisse approcher une seconde fois, arrivée au-dessus du taillis, elle plonge derrière le premier buisson pour éviter l'œil du chasseur, ou bien, elle a soin de voler de manière à interposer le tronc d'un arbre entre elle et lui. Elle fuit beaucoup plus loin, et brise souvent la direction de son vol pour se jeter tout à coup vers un point latéral.

Tout est imprévu chez cet oiseau ; au milieu de l'essor le plus rapide, il se laisse tomber comme frappé de la foudre.

Combien de chasseurs novices ont couru à la remise croyant la ramasser morte ! Elle était déjà à cinquante pas de l'endroit de sa chute, car elle piète beaucoup quand elle se sent menacée.

Tirée et manquée [1] une troisième fois, elle fait un vol immense, et il est souvent impossible de la rejoindre.

J'ai vu d'innocentes bécasses levées pour la première fois, s'élancer au-dessus du buisson qui les recélait, et se laisser choir de l'autre côté du même buisson à quatre pas du départ.

J'en ai vu, après un vol circulaire, revenir se poser à l'endroit d'où elles étaient parties.

Une autre fois, j'avais tiré une bécasse

---

[1] Dans notre pays, ces deux mots *tirée* et *manquée* sont contradictoires. — Tirer signifie tuer. Il n'en est pas de même en France ; par exemple, *tirer un perdreau*, c'est faire feu sur un perdreau sans l'abattre ; quelques écrivains emploient le mot tirer dans les deux acceptions.

sans l'atteindre et je m'avançais dans la direction de son vol, lorsque je la vis revenir *sur ses pas* et passer au-dessus de

ma tête; elle prit alors une autre direction — celle de mon carnier.

Quoique cet oiseau voie très-bien pendant le jour, il voit cependant mieux encore le soir au crépuscule; alors ses allures sont plus vives et son vol plus rapide; ce vol, dit Léon Bertrand, paraît avoir le *flou* fantastique de celui des chouettes.

Le moindre mouvement que vous faites

en mettant en joue au passage du soir fait souvent plonger ou dévier la bécasse de plus d'un mètre, tellement sa vue est perçante et ses manœuvres promptes.

La *martinète*, ainsi appelée sans doute à cause de la rapidité de son vol [1], est bien plus difficile à frapper que la bécasse ordinaire; plus preste, plus agile, elle fait plus de crochets, et, chose singulière si, comme on le croit, elle est plus jeune, elle semble plus rusée, plus défiante et part de plus loin.

Au départ, on la prendrait pour une bécassine, tant son vol est tourmenté et tortueux.

Nota bene. — Dans les jeunes taillis et dans tous les endroits découverts, la bécasse, qui se sent plus exposée, fait aussi

[1] Le martinet fait soixante lieues à l'heure.

plus d'efforts pour éviter le plomb qui la menace. Plongeons, crochets, elle met en œuvre toutes ses ressources; elle fuit plus loin et plus rapidement.

XI

ARME ET CHARGES

Maintenant, mon cher Edmond, que vous connaissez les habitudes, les ruses, les remises ordinaires de la bécasse, vous désirez sans doute la chasser. Pour cela, je ne vous conseille ni les béquilles de Belon, ni l'écumoire de nos ancêtres; un fusil vaut mieux, fût-il même d'un système suranné.

Beaucoup de sportsmen recommandent le fusil court comme étant moins embarrassant dans les bois épais. A mon avis, quelques centimètres de plus ou de moins sont de peu d'importance; l'essentiel est que vous vous serviez toujours de la même arme, soit en plaine, soit aux bois; ceux qui en changent selon la saison ou l'espèce de gibier qu'ils veulent poursuivre, ne savent pas quel énorme changement dans le tir peut résulter de quelques lignes de différence dans la longueur, la pente ou courbure de la crosse, ou même dans la dimension du canon.

On comprend que la forme plus ou moins courbe de la crosse doit être calculée d'après la conformation du tireur, la longueur de ses bras, de son cou, etc.

Selon moi, la forme presque droite est la plus avantageuse, elle tend à corriger le défaut le plus commun chez les chasseurs, leur tendance à tirer trop bas.

Le fusil le mieux approprié au tir du bois et de la plaine doit avoir 75 centimètres de long.

Le calibre 16 me semble aussi le plus convenable; une augmentation de calibre entraîne nécessairement une augmentation de poids, et par suite moins de facilité à manœuvrer le fusil avec prestesse; or, la chasse au bois exige beaucoup de rapidité et de promptitude dans le maniement de l'arme.

A quoi bon d'ailleurs un fusil qui puisse supporter une énorme charge, quand une charge légère suffit pour abattre le gibier que l'on cherche?

Si l'engouement pour les gros calibres continue, les hommes les plus forts seront les plus forts tireurs — on finira par tirer la caille avec une pièce de campagne.

Quant à la manière de charger un fusil

sous le rapport des proportions entre le plomb et la poudre, les professeurs sont en désaccord complet, comme toujours.

Exemple :

« Une arme est bien chargée avec un gros ou un gros et 1/4 de poudre et une once, une once 1/4 de plomb. (Sans tenir compte du calibre[1]!)

---

[1] *Traité complet de la chasse au fusil.* On lit dans le même ouvrage, page 55 : « Le poids de la charge de poudre

D'après Elzéar Blaze, le poids de la poudre doit être à celui du plomb comme 1 à 6,

Comme 1 à 8, d'après d'Houdetot.

Comme 1 à 10, d'après MM. de Merle et de Curel.

Il n'y a rien d'absolu dans ces appréciations : d'abord, elles doivent varier d'après la qualité de la poudre ; en second lieu, s'agit-il de tirer de loin ou sur un gibier résistant, la charge de plomb des-

« doit être égal au tiers de celui de la balle de calibre, et la « charge de plomb doit avoir deux fois le poids de cette « même balle. »

La balle du fusil calibre 16 pesant à peu près 30 grammes, il faudrait le charger avec 10 grammes de poudre et 60 gr. de plomb ! ! !

Si vous possédez un oncle riche dont vous deviez hériter, chargez-le de l'expérimentation.

D'un autre côté, l'*Almanach-manuel du chasseur* affirme, page 20, que la charge ordinaire d'un fusil de gros calibre est de *deux décigrammes !* 2/10 de gramme ! ! ! rassurez-vous, lièvres et perdreaux.

tinée à frapper plus fort ou bien à parcourir une plus longue distance, ne doit pas être proportionnellement aussi pesante que celle qui suffit pour tirer de près sur un gibier moins vivace.

Le numéro du plomb doit être aussi proportionné à la vigueur du gibier que l'on chasse.

Appliquant ces principes à la bécasse, je dis : cet oiseau prend ordinairement son essor de près et tombe à la moindre blessure.

Le plomb peut donc être d'un numéro inférieur et n'a pas besoin d'une grande pénétration; mais comme parfois on tire à distance, la charge à longue portée est aussi nécessaire; afin d'être prêt à toute éventualité, ayez toujours une charge faible et une charge forte.

Observation importante : la charge de

poudre doit être invariable, et moins on met de plomb, plus il a de force et de portée ; la charge forte est donc celle qui renferme le moindre poids de grenaille ; ainsi, par exemple, un fusil chargé de la même quantité de poudre frappera plus fort et plus loin avec 30 grammes qu'avec 40 grammes de plomb.

Au bois, je conseillerais un numéro très-fin, mais la nécessité où l'on se trouve souvent de tirer à travers un amas de feuilles, de brindilles et même de branches que le plomb doit briser, ne permet guère de descendre au-dessous du numéro 7.

D'un autre côté, dans les forêts il faut tuer raide, sous peine de perdre le gibier blessé.

Voici les charges que j'emploie ordinairement et qui réussissent. Remarquez que le fusil de même calibre (16), mais plus pesant et renforcé au tonnerre, supporte la charge de 5 grammes de poudre et 40 grammes de plomb. Mais pour la bécasse semblable charge serait exagérée.

Poudre 4 grammes pour chaque canon.

Plomb nº 7 premier coup 40 grammes.

— nº 6 second coup 35 grammes.

Essayez ces mesures, mon cher Edmond ; si vous n'abattez pas, ce ne sera pas ma faute ni celle de votre fusil [1].

---

[1] Les Anglais emploient des charges de poudre énormes et hors de toute proportion avec celles qui sont en usage en France et en Belgique. — Le gibier de la Grande-Bretagne serait-il cuirassé :

Les Chasseurs fashionables.

XII

COSTUME DU CHASSEUR A LA BÉCASSE

Pour la plupart des chasseurs de salon, la chasse n'est qu'une simple occasion de briller dans un costume séduisant et pittoresque. Je vous connais trop pour vous accuser de semblable faiblesse, et je suis persuadé que vous ne voulez ni jeter de la poudre aux yeux, ni brûler votre poudre aux moineaux.

Eh bien, sachez que les vêtements étroits, pinçant la taille, sont des plus pernicieux à la chasse au bois où tous les mouvements doivent être libres.

Pantalon en velours ou en drap solide sur lequel ne puissent mordre ni l'églantier ni la ronce.

Redingote idem de couleur sombre, boutonnée complétement.

Souliers solides et imperméables.

Guêtres longues en cuir que vous placez dessus ou au-dessous du pantalon, selon l'état sec ou boueux des chemins.

Ces guêtres ne vous préserveront pas toujours de quelques éraflures aux bras, aux cuisses, à la figure, mais les brassards et les cuissards des anciens chevaliers sont peu commodes dans les broussailles, je ne vous les conseille pas.

Chapeau en feutre, mais qui cède au vent et au contact des branches.

Cravate et chemise *ad libitum*, mais surtout le gilet de flanelle.

Le petit manteau en caoutchouc, si utile en plaine, n'est qu'un meuble gênant dans la forêt.

Vous le voyez, mon cher Edmond, ce costume est moins brillant que solide. Vous pouvez cependant sans coquetterie et comme couleur locale ajouter à votre feutre une plume noire de coq ou de corbeau, cela vous donne un petit air de Robin des bois.

———

XIII

CHIEN

Vêtu et armé de pied en cap, il vous
faut maintenant la chose la plus indispensable et la plus rare ... un ami fidèle, le
plus fidèle de tous les amis. Vous avez
compris que je veux parler du chien.

Qu'il soit épagneul, griffon, braque,

setter, peu importe, pourvu qu'il soit bon ; on a même vu des pointers, malgré leur impétuosité naturelle, devenir passables à cette chasse... après douze ans d'exercice et lorsqu'ils sont podagres.

Au reste, les plus vieux sont les meilleurs ; ils suivent lentement la bécasse dans le dédale de ses manœuvres, ils démêlent l'écheveau embrouillé de ses ruses, et finissent par la bloquer dans la cépée sous laquelle elle s'est blottie.

Le jeune chien dérouté s'impatiente, court, la fait partir hors de portée, ou bien si elle s'est rasée dans un buisson, il passe sans la marquer.

Nous avons souvent entendu tenir ce propos : Il n'y a que les gardes forestiers qui soient aptes à dresser un chien pour la chasse au bois. N'en croyez rien, faites vous-même l'éducation de votre chien ;

8.

Force et douceur discrètement employées.

il vous aimera mieux, il vous obéira plus volontiers, surtout si vous employez des moyens de douceur, vous réussirez neuf fois sur dix; j'en ai fait l'expérience.

M. De Curel n'est pas de cet avis; il recommande le knout et le collier de force et se moque de ce qu'il appelle la sensiblerie de M. d'Houdetot sur ce sujet. J'ai lu attentivement les œuvres de ces deux écrivains cynégétiques, et voici le résultat de ma lecture : J'aimerais mieux être l'ami de M. d'Houdetot que le chien de M. De Curel.

Si la chose est possible, donnez la préférence au chien blanc ou panaché de blanc; au bois on l'aperçoit de plus loin, puis une méprise fatale est moins à craindre.

N'oubliez pas aussi de garnir son collier de grelots; quoiqu'en disent certains sportsmen, le bruit de cette clochette n'épouvante pas la bécasse ; le lièvre timide lui-même se laisse arrêter et tient ferme sous le nez du chien armé de ce carillon ; cent fois j'ai constaté la chose. Serait-ce que les animaux sauvages sont habitués à entendre la clochette des chevaux et du bétail ?

Il faut avoir des grelots de rechange ; si le vent est fort, attachez le plus bruyant ; par un temps calme, choisissez celui qui a le son le plus faible.

Il suffit que vous puissiez l'entendre à trente pas ; votre chien ne doit jamais s'éloigner au-delà de cette distance, il peut donc se dispenser de faire autant de vacarme que le carillon de la cathédrale de Namur. Les avez-vous entendus, ces impitoyables grelots qui tous les quarts-d'heure écorchent le tympan des bons Atuatiques ? Cet instrument de cacophonie n'a coûté, dit-on, que la bagatelle de 80,000 fr.

Si les pauvres du voisinage avaient été consultés, ils auraient sans doute répondu : Moins de son et plus de pain, s'il vous plaît (calembour à part).

Dès que le grelot cesse de se faire entendre (je ne parle plus de la cathédrale), le chasseur se dirige vers l'endroit d'où sont partis les derniers sons et il trouve le chien en arrêt. Quel spectacle émouvant! Comme le cœur galope! Le sportsman osant à peine respirer, s'approche à pas de loup du buisson mystérieux et qu'en sort-il souvent ? . . .

Vous n'avez pas oublié que la bécasse affectionne les lieux où croissent les ronces entremêlées de houx, d'épines noires, etc., elle y tient parfois avec une extrême opiniâtreté; pour la débusquer on a besoin d'un chien *broussailleur,* c'est-à-dire qui pénètre hardiment dans ces fouillis difficiles.

Le chien griffon est celui qui craint le moins les piqûres ou les égratignures ; son poil rude et serré forme une cuirasse contre laquelle les crocs acérés de l'églantier lui-même restent impuissants.

L'épagneul, le setter, affrontent aussi avec courage ces fourrés redoutables où ils laissent souvent quelques mèches de leur beau panache.

Le braque a le poil plus court, la peau plus délicate, aussi montre-t-il beaucoup de prudence et de circonspection en présence de ces forteresses de broussailles ; il aime mieux les tourner que les attaquer de front.

J'ai cependant connu des métis provenant du braque et de l'épagneul qui excellaient à la chasse de la bécasse.

XIV

CHASSE ET TIR

Je lisais dernièrement dans un opuscule intitulé *Almanach manuel du chasseur :* « *Les cailles volent deux à deux* ». Cette assertion un peu hasardée, ne m'avait pas donné une idée très-haute des connaissances cynégétiques de l'auteur; heureusement, quelques lignes plus bas, je vois

que : « *Il y a beaucoup d'agrément à*
« *chasser la bécasse dans les bois taillis,*
« *lorsqu'ils ne sont pas fourrés, et qu'ils*
« *sont percés de plusieurs routes; cette*
« *disposition permet de la mieux marquer*
« *et de la tirer au passage.* » A la bonne
heure! Prenez note, mon cher Edmond,
de cette pensée lumineuse, et si un jour
vous devenez un grand propriétaire fores-
tier, veillez à ce que vos taillis n'aient ni
fourrés ni ronces, et percez-les de routes
parallèles peu éloignées l'une de l'autre;
par ce moyen vous pourrez éviter tous
les désagréments que je vous ai d'abord
signalés, peut-être même celui de la
pluie, car qui sait si l'on ne parviendra
pas à placer sur vos allées un abri pro-
tecteur, comme celui des galeries Saint-
Hubert?

En attendant, nous sommes bien obli-
gés de nous contenter de nos forêts telles
qu'elles sont.

Avant d'y pénétrer, vous me demandez si le tir de la bécasse est facile.

Adressez la même question à deux sportsmen également adroits; le sportsman A répondra : — Rien n'est plus facile; j'ai tiré la semaine dernière six bécasses sans en manquer une.

Le sportsman B vous dira : — Rien de plus difficile; j'en ai manqué dix de suite.

Ces réponses contradictoires vous démontrent par $A + B$, la vérité de ce que je disais : — De tous les oiseaux, la bécasse est celui dont le vol est le plus varié, le plus singulier dans ses anomalies.

Aussi : Règle générale : tir très-difficile.

Exception : tir facile.

Il y a quelques jours, je demandais à l'un des tireurs les plus adroits et les plus expérimentés du pays, quel était, à son avis, le gibier le plus difficile à abattre ; il répondit sans hésiter : La bécasse parmi les oiseaux... puis le lapin sous bois au déboulé. On peut en croire un chasseur qui manque rarement un lièvre en tirant à balle [1].

Les forêts telles qu'elles sont, avec leurs ronces, leurs massifs et leurs broussailles, ont cependant bien leur mérite.

En vous dirigeant vers ce nouveau théâtre de vos exploits, vous admirerez tout d'abord la variété de nuances qui distingue la végétation forestière, lorsqu'elle revêt son costume d'automne.

---

[1] Clamart exprime à peu près la même opinion : « La « bécasse, dit-il, est douée d'une grande vigueur ; quand elle « prend subitement l'alarme, elle est plus difficile à tirer « que la bécassine... » Vous n'avez pas oublié que cet écrivain a chassé la bécasse pendant près de soixante ans. Dans la 2e édition de son ouvrage, il dit, à la page 16, en avoir tué 4,500 ; c'est donc un appréciateur compétent.

Toutes les teintes du rouge, du vert, du brun, du jaune, forment de loin une mosaïque d'un effet charmant; au-dessus du menu peuple du taillis, coudrier, charmille, érable, s'élèvent le chêne robuste dont la feuille conserve encore sa couleur sombre; le bouleau gracieux, au tronc argenté, à la chevelure déliée et pendante; le cerisier, le merisier, le sorbier au feuillage rougeâtre; et, comme contraste, quelques peupliers, quelques trembles atteints d'une calvitie précoce.

Puis à cette époque de l'année, la température est si bonne! température qu'aiment le chasseur et la bécasse... elle ne fait ni transpirer, ni grelotter.

Que les poumons éprouvent de plaisir en aspirant cet air balsamique des bois! et que les pieds reposent doucement sur ce tapis de mousse!

Vous voyez, mon cher Edmond, que

dans mon exorde, j'ai commencé par vous montrer le revers de la médaille, contrairement à tous les usages.

Les chances sont favorables lorsque le vent souffle de l'est ou du nord, et qu'un brouillard a régné pendant la nuit.

Quelques amateurs voient aussi un bon augure dans l'arrivée du *milan royal,* que les Liégeois nomment *ramneu di begasse* —guide des bécasses — sans doute parce que son apparition coïncide avec celle de ces oiseaux.

Il convient d'attendre que le soleil ait pompé, ou que le vent ait secoué toutes les petites perles déposées sur les feuilles par le brouillard ; il est inutile de se mouiller ; l'humidité nuit à l'odorat du chien, puis je soupçonne la bécasse de faire la grasse matinée après ses courses de la nuit ; il est plus facile de la lever lorsqu'elle

a laissé quelques traces en circulant autour de sa remise pour vermiller ou tout
simplement pour se promener.

Lorsque l'on chasse en société, il faut
que les chasseurs, précédés de leurs
chiens, s'avancent sur une même ligne à
vingt-cinq ou trente pas l'un de l'autre.

Il est bon aussi que chacun des tireurs
parle ou siffle de temps en temps, pour
indiquer sa position à ses compagnons.
Le grand air de *la calomnie* serait trop
long; nous sifflons ordinairement comme
signal les trois notes en usage naguère
pour annoncer le départ d'un convoi. *Sol
mi do*... vous êtes musicien, vous me
comprenez.

Afin d'éviter les accidents, il faut toujours tenir verticalement le canon du fusil,
car le moindre contact d'une branche
pourrait faire partir la détente.

On ne doit jamais faire feu qu'en avant de la ligne, encore est-il dangereux de tirer à hauteur d'homme.

Elzéar Blaze a, si je ne me trompe, consacré un chapitre tout entier aux précautions qu'exige la chasse au bois; je vous engage à le lire.

Si le temps est calme et humide, vous trouverez la bécasse dans les taillis en pente exposés au midi ou bien au soleil levant.

Pour engager votre chien à *broussailler*, broussaillez vous-même en entrant hardiment dans les fourrés.

La première fois que la bécasse est surprise dans son gîte, elle tient tellement ferme qu'elle ne prend son vol que sous le nez du chien ou sous le pied du chasseur ; il faut donc fouiller exactement tous les buissons épais, tous les ronciers, etc.

Si votre Médor s'anime, s'il quête plus vivement, calmez votre émotion ; une grive a peut-être passé par là ; c'est une déception très-commune en cette saison ; les dernières grives effectuent leur passage au moment où les bécasses commencent le leur.

Vous ne pouvez pas toujours apercevoir votre chien dans les massifs épais où il s'enfonce. Si vous n'entendez plus son grelot, dirigez-vous sans tarder, mais sans précipitation, vers l'endroit où vous avez entendu les derniers sons.

Votre chien est immobile à quelques pas de la bécasse blottie sous un buisson hérissé de ronces ; ne cherchez pas à l'apercevoir, vous n'y parviendriez pas.

Elle part : *flac, flac, flac*, en trois coups d'aile elle s'élève au-dessus du taillis... et disparaît.

Pour peu que vous l'aperceviez après le bruit de son vol, tirez, même à travers les branches, les feuilles, etc.

Tirez même quand elle a disparu, mais dans la direction qu'elle a prise. C'est ce que l'on appelle *tirer au jugé*. Avec de l'exercice et du sang-froid on réussit.

> *Pas de mire ;*
> *Juge, tire.*
>
> (DEYEUX, *Le vieux chasseur.*)

Le moment le plus favorable pour abattre la bécasse est celui où, parvenue au sommet des branches, elle paraît hésiter avant de prendre un vol direct ; c'est cet instant que saisit le sportsman expérimenté pour faire feu.

A moins que vous ne vous trouviez dans un fourré fort épais, et que vous n'ayez guère d'espoir de voir la bécasse au-dessus du taillis, ne pressez pas la détente pen-

dant son vol vertical ; ce tir est très-difficile ; outre le danger de tirer trop bas,
il est probable que vous tireriez de côté,
à cause des zigzags que l'oiseau est obligé
d'exécuter pour éviter les branches du
massif.

Ne négligez pas le second coup, quelque faible que soit la chance d'atteindre ;
une occasion perdue ne se rencontre plus.

Sachez aussi qu'au bois, le gibier paraît
toujours plus éloigné qu'il ne l'est en
réalité.

Des amateurs de ma connaissance ma-
nœuvrent ainsi : quand ils voient leur
chien en arrêt, ils le tournent de manière
à ce que la bécasse se trouve entre lui et
le chasseur, puis celui-ci s'avance vers le
buisson où elle est blottie jusqu'à ce
qu'elle prenne son essor.

Je n'approuve pas du tout cette méthode,

vantée et pratiqué par Clamart ; d'abord l'oiseau plus effrayé part d'un vol plus tortueux, plus rapide, en s'élevant au-dessus du sportsman ; si celui-ci tire quand il monte, fusillé à bout portant, le gibier n'est pas présentable, c'est de la marmelade.

Dans semblable hypothèse, le vol horizontal est aussi plus irrégulier, et le second coup n'a pas plus de chance que le premier, qui réussit rarement.

Cette manœuvre est cependant nécessaire lorsqu'il existe une clairière assez étendue à l'autre côté du fourré où le chien arrête ; dans ce cas portez-vous lestement dans la clairière, ou bien la bécasse s'échappera en rasant le sol.

Il en est de même quand le chien arrête vers la campagne à la limite d'un bois.

Si je suis seul, et que mon chien soit en arrêt dans un fourré, voici comment je procède : je tâche de trouver promptement à dix ou vingt pas de la remise, un endroit plus clair d'où je puisse découvrir le dessus du taillis, et surtout le sommet du buisson où je présume que la bécasse se trouve. Je la tire au moment où elle finit son vol ascensionnel pour voler horizontalement. Si je la manque, je lâche le second coup après les crochets qu'elle ne manque jamais de faire.

Si dans son essor vertical, elle se présente bien à découvert... je tire *au cul levé*. Dans ce cas, *haut et vite*.

> Si l'oiseau monte en flèche,
> Tire haut, mais dépêche.
>
> DEYEUX.

Ce qui rend souvent le tir de la bécasse difficile à l'arrière-saison, c'est l'extrême analogie qui existe entre le plumage de cet oiseau et les feuilles desséchées au milieu desquelles il dirige son vol. Que de fois l'on s'imagine avoir tué la bécasse, en voyant tomber du chène une touffe de feuilles mortes !

Lors de son arrivée, on la rencontre parfois dans de jeunes taillis, dans les buissons des lieux découverts. Dans ce cas, ne vous pressez pas ; vous aurez le temps de brûler vos deux cartouches après les crochets traditionnels ; surtout si, comme je l'ai recommandé, vous avez eu soin d'en placer une de plomb n° 6 dans le second canon.

Si vous avez remarqué la direction prise par la bécasse, suivez-la sans tarder ; elle piète beaucoup à la remise, et le plus souvent on a peine à la relever ; c'est alors qu'un chien calme, patient, est d'un grand secours.

Après avoir rusé, comme je l'ai dit en

parlant de ses habitudes, elle finit par se blottir et se laisse une seconde fois arrêter, mais moins ferme, elle part de plus loin ; il faut donc suivre le chien de plus près.

Plus défiante après un premier coup de feu, son vol est plus tortueux, elle plonge plus profondément derrière les cépées et il faut être plus prompt à la tirer.

La bécasse a l'ouïe très-fine ; parfois après sa première fuite, elle écoute, et entendant le bruit de vos pas vers sa retraite, elle se dirige à pied vers une clai-rière, prend un vol rasant qui échappe à votre oreille, et vous la cherchez long-temps à l'endroit où vous l'aviez vue se remettre : c'est alors que l'on accuse le nez du pauvre chien qui n'en peut mais.

Le second vol est plus long ; elle court plus loin à la remise ; l'œil et l'oreille au guet, elle ne se blottit que lorsque toute apparence de danger a disparu.

Si l'on est seul, il convient d'attendre quelque temps avant de la poursuivre de nouveau; elle prendrait son essor hors de la portée du fusil et disparaîtrait peut-être sans retour. Une bécasse vivement harcelée quitte le canton qu'elle avait choisi.

A cette espèce de chasse, il est toujours avantageux d'être plusieurs, soit pour remarquer la direction de la remise de la bécasse, soit pour la couper ou la cerner lorsqu'elle cherche à s'échapper en fuyant à pied devant le chien.

Lorsque l'on chasse en compagnie, et qu'un des chiens tombe en arrêt, tous les tireurs, à un signal convenu, cernent la remise à certaine distance en choisissant chacun l'endroit qui paraît le plus favorable... Inutile de dire que dans ce cas

la plus grande prudence est indispensable,
et que l'on ne doit pas tirer horizontalement. Au bois ne chassez jamais avec de
jeunes chasseurs, ils vous piqueraient au
vif.

Les taillis de peu d'étendue offrent plus
de facilité que les grandes forêts pour
relever la bécasse; dans ces derniers on a
souvent besoin d'un *remarqueur*, gamin
qui, grimpé sur un arbre, suit de l'œil le
vol de l'oiseau et indique sa remise.

A propos de gamin (et je suis charmé
de me trouver en ce point d'accord avec

M. de Curel, que l'on est heureux à la chasse au bois d'être débarrassé de ce chauchemar impatientant qu'on nomme *porte-carnier !*

En plaine, s'il voit votre chien en arrêt, et qu'immobile, le doigt sur la détente, osant à peine respirer, vous attendez... le gamin vous souffle à l'oreille : Est-ce un lièvre, Monsieur ? Croyez-vous que c'est un perdreau ? Je parie que c'est une caille.

Si les perdreaux partent et que vous les manquiez, il dira : M. Léon en aurait eu deux... ou bien : J'aime mieux porter votre carnassière que celle de M. Léon... elle est toujours plus légère... et mille autres aménités pareilles... Ah ! maudit gamin !

A la chasse à la bécasse, comme à toute espèce de chasse, il est indispensable de

Ce cauchemar impatientant que l'on appelle porte-carnier (p. 160).

marcher *à bon vent*, ce qui veut dire *contre le vent;* les émanations du gibier parviennent plus aisément à l'odorat du chien.

Il est cependant d'usage de louvoyer au bois comme en plaine en courant des bordées en zigzags de 20 à 30 degrés ; par ce moyen, le chasseur n'est pas obligé de revenir sur ses pas pour prendre le dessous du vent.

Quand *par hasard* vous rencontrez une bécasse dans un gaulis (taillis de 20 à 25 ans), tirez promptement ; elle file en rasant la terre ou s'élève sur un plan incliné ; une fois au sommet du taillis, elle est trop loin ou bien invisible ; c'est donc le cas de dire avec Deyeux :

> Au premier allons vite ;
> Au second tout de suite.

Une fois levée, n'importe où, il faut la

poursuivre à outrance ; en chercher d'autres, c'est abandonner le certain pour l'incertain.

C'est, lorsque la direction du vol est
restée inconnue, qu'il faut voir la constance,
le courage opiniâtre et les manœuvres du
vrai chasseur ; on le croirait doué d'une
espèce d'intuition ou d'esprit divinatoire ;
souvent il finit par découvrir la fugitive
dans des remises qu'un chasseur vulgaire n'aurait pas soupçonnées ; mais quel
triomphe alors !

La logique n'est pas d'un grand secours
pour requêter la bécasse..., un raison-
neur dirait : Elle a dirigé son vol à gauche, donc c'est à gauche que je dois la
retrouver... Un chasseur la cherchera à
droite et réussira plus souvent.

Quelques bécasses après avoir échappé
au plomb, gardent toujours le souvenir

du danger qu'elles ont couru et ne se laissent plus approcher à moins de cent pas; les forestiers chez nous les appellent *sorcières*.

J'ai remarqué aussi que celles qui hivernent dans nos bois, sont toutes d'une défiance extrême et d'une approche difficile... Il n'est pas exact de dire qu'elles soient lourdes et endormies... c'est tout le contraire [1].

Lorsque le vent souffle avec violence, cherchez la bécasse dans les fonds abrités; pendant la grande sécheresse, dans les paquis humides et marécageux des bois.

Les environs des mares, des eaux courantes doivent être toujours explorés avec soin, surtout au printemps. A cette époque, la bécasse est ordinairement plus

[1] En temps de neige, dit Clamart, les bécasses, plus difficiles à approcher, tiennent peu.

facile à tirer, pour deux raisons : d'abord la futaie est tout à fait dépouillée, et l'on ne voit plus de feuilles desséchées que sur quelques buissons de hêtre ou de charmille ; en second lieu, la pauvrette est amoureuse, partant plus confiante, plus bête, comme diraient Belon et Cie. Peut-on lui en faire un reproche, lorsque tous les bipèdes, emplumés ou non, une fois sous l'influence de l'amour, deviennent plus ou moins... bécasse !

Quoiqu'une bécasse blessée se retrouve presque toujours assez facilement, cependant, démontée, elle ruse et parvient parfois à s'échapper.

Presque tous les chiens éprouvent de la répugnance à la rapporter ; beaucoup se vautrent dessus comme sur une taupe en putréfaction.

« Nous n'avons jamais su nous résigner
« patiemment aux conséquences de cette

« répugnance, si invincible qu'on la pro-
« clame. Trop d'accidents peuvent pro-
« voquer la bredouille, — la maladresse
« est toujours pour vous un accident, —
« pour que nous puissions tolérer que les
« caprices d'un chien y figurent en ligne
« de compte.

« Nous avons donc cherché le moyen
« de contraindre ceux qui nous apparte-
« naient, à traiter également perdrix et
« bécasses, et nous y sommes toujours
« parvenus, en les dressant au rapport
« trois ou quatre mois après leur nais-
« sance. A ce moment, les instincts de la
« chasse n'étant pas encore développés
« chez le chien, il ne manifeste ordinaire-
« ment ni prédilection ni répugnance, il
« est disposé à ramasser tout ce qu'on lui
« jette. N'ayant pas, bien entendu, de
« bécasses sous la main, nous leur subs-
« tituons, tantôt une poule d'eau, tantôt
« une pie, pseudo-gibier que nous leur

« savons parfaitement antipathiques et
« dont les senteurs de haut goût obli-
« tèrent si bien leur délicatesse à cet
« endroit, que lorsque plus tard nous les
« conduisons au bois, du premier coup,
« et sans façon, ils engueulent leur bé-
« casse [1] »

Quelques chiens donnent de la voix lorsque la bécasse prend son vol, et avertissent ainsi le chasseur de se tenir sur ses gardes.

Vous devez d'ailleurs avoir toujours l'oreille attentive, mon cher Edmond ; la bécasse lève souvent de loin sans attendre le chasseur ; son départ ne vous sera révélé que par le bruit de ses ailes, bruit singulier, *sui generis*, auquel on ne se trompe pas quand on a quelque peu d'habitude.

[1] *Encyclopédie des chasses*, par MM. DE LAGE DE CHAILLOU, DE LA RUE et DE CHERVILLE, 2 vol. in-8°, ornés de figures dans le texte Prix, *franco*, 20 fr. — Auguste Goin, éditeur.

XV

CHASSE EN BATTUE

Je ne sache pas que l'on chasse la bécasse en Belgique au moyen de bassets, comme on le fait dans certains départements de la France.

On en raccroche quelques-unes en chassant le lièvre ou le lapin, mais ce n'est jamais qu'accidentellement.

La battue est plus en usage ; mais comme la bécasse tient ordinairement très-ferme avant de prendre son vol pour la première fois, il faut, pour réussir, de nombreux rabatteurs, très-rapprochés les uns des autres, et fouillant soigneusement les buissons, les rachées, au moyen de longs bâtons.

Il faut surtout qu'ils soient mieux disciplinés que ceux de M. le baron C...; ces gamins, sous prétexte de battre les

buissons, ne s'entrebattaient-ils pas à qui

mieux mieux, et avec un tel acharnement que les gardes ont dû intervenir ! Les bécasses devaient bien rire dans leur barbe de plume !

Autrefois, l'on employait beaucoup la *panterne*, ou *pantière,* grand filet tendu verticalement entre deux arbres, et dans lequel la bécasse venait s'empétrer à son passage du crépuscule.

Au moment où elle donnait dans les mailles, le chasseur tirait une petite corde, et le filet tombait avec l'oiseau.

Servez-vous aujourd'hui d'un pareil engin, et vous saurez pourquoi, en Toscane, chasser la bécasse, *pigliar l'acciega,* et *croquer le marmot* signifient absolument la même chose.

Quant aux lacets, collets, rejets, sauterelles, etc., etc., je n'en parlerai pas : la bécasse est un oiseau trop noble pour être pendue comme un vilain : il faut la pas ser honorablement par les armes.

Quelques auteurs décrivent avec minutie tous les piéges en usage pour détruire le gibier ; c'est une imprudence, aujourd'hui que le braconnier sait lire.

Je suppose, mon cher Edmond, que vous ne partagerez pas l'engouement de quelques-uns de vos confrères futurs pour un malfaiteur de la pire espèce.

Trop lâche, trop paresseux pour chercher à gagner honorablement sa vie ; s'inquiétant peu de sa femme et de ses enfants qu'il laisse périr de misère ; ne vivant lui-même que du fruit de ses rapines ; la nuit au bois, le jour au cabaret ; terreur de ses voisins, fléau de sa famille... tel est le braconnier. Après cela, jetez un coup d'œil sur la statistique des tribunaux, voyez quelle est sa part dans toutes les espèces de délits ou de crimes : menaces, outrages, rébellions, dévastations, incendies, vols, meurtres, assassinats, etc. Et après cette lecture édifiante vous vous direz : « Au risque de ne pas avoir à ma « table du fruit défendu en toute saison, « j'aime mieux défendre la veuve et l'or- « phelin, fût-ce même *pro Deo* ».

XVI

AFFUT A L'ABREUVOIR

On sait combien la bécasse aime la toilette et la propreté.

Tous les soirs, avant de se rendre à la
pâture dans les campagnes, elle a soin
de se laver les pieds et le bec ; quelquefois même, elle s'asperge comme la grive

en faisant jaillir l'eau de tous côtés, et l'on entend au loin le bruit de ses ablutions.

Le chasseur choisit une clairière traversée par un petit ruisseau qu'il fait refluer au moyen d'une digue.

Il a soin de rendre facile l'accès de ce petit abreuvoir, en arrachant les herbes, et tout ce qui pourrait gêner la marche de la bécasse.

A quinze ou vingt pas du bord il construit une hutte en feuillage, dans laquelle il a ménagé quelques meurtrières, afin de voir sans être vu, et de pouvoir tirer si l'occasion se présente.

La bécasse se pose d'abord à quelques pas de la baignoire; immobile, elle écoute si quelque bruit ne révélera pas la présence d'un ennemi; ses grands yeux brillants semblent vouloir pénétrer l'obscurité des massifs qui entourent la clairière.

Enfin, rassurée, elle se dirige en courant vers le ruisseau, y plonge les pieds, le bec, et se trémousse de plaisir comme nos oiseaux de volière.

Quelques sportsmen conseillent de la tirer aussitôt qu'elle se pose ; c'est une erreur... si vous faites alors le moindre mouvement, elle s'envole.

Attendez qu'elle se lave et, quelque bruit que vous fassiez, elle ne bougera pas, tant elle en fait elle-même, et tant elle éprouve de jouissance à se mouiller.

Sa toilette ne dure cependant pas autant que celle d'une jolie femme ; ainsi, ne lambinez pas.

Il y a une cinquantaine d'année, on tirait plus de bécasses en une soirée que maintenant en toute une saison ; plus d'une fois, il est arrivé à l'un de mes parents d'en abattre deux d'un seul coup, occupées à se baigner côte à côte.

Et, chose remarquable ! la période la plus avantageuse pour cette espèce de chasse, était du 20 septembre au 10 octobre.

Les bécasses que l'on tirait avaient donc niché ou bien étaient nées dans notre pays, encore couvert de grandes forêts.

L'affût au bain ne dure pas une demi-heure, la bécasse étant pressée d'aller vermiller dans les campagnes.

La seule difficulté de ce tir, est l'obscurité qui souvent empêche de bien distinguer le but ; des chasseurs garnissent le guidon de leur fusil d'un petit morceau de papier blanc et prétendent par ce moyen viser avec plus de certitude... je ne l'ai jamais éprouvé.

Il arrive, mais rarement, que la bécasse

vient à pied et sournoisement de l'intérieur du bois ; aussi, soyez attentif, et que
vos yeux ne quittent pas l'abreuvoir.

Les grives viennent aussi se baigner
au crépuscule, et une fois à l'eau, elles
s'agitent, se démènent avec tant de viva-
cité, qu'il est difficile de les distinguer
d'un oiseau de taille supérieure. Aussi,
que de fois le chasseur désappointé n'a
trouvé que le *turdus musicus,* tandis qu'il
s'élançait dans l'espoir de ramasser le
scolopax rusticola ! (C'est pour varier ; je
suis fatigué de répéter le mot bécasse.

Un temps sec et doux est favorable à
cette chasse ; il faut aussi ne pas négliger
de couvrir de rameaux toutes les mares
du voisinage et les endroits du ruisseau
qui présentent un accès facile.

Au retour de la bécasse, au mois de
mars, on ne la chasse pas à l'abreuvoir,
du moins dans notre pays.

Un avocat, dont je tairai le nom, disait un jour en parlant des *Odes d'Horace :* — C'est très-bien *libellé !* Comme je sais que vous cultivez à la fois *Thémis* et les *Muses,* je copie ici quelques vers *libellés* il y a longtemps par un de mes amis sur la chasse au bain...

L'ABREUVOIR

. . . .

Au fond de la forêt coule une source pure,
Qui serpente à travers la mousse et la verdure ;
Le chasseur avec art en arrête le cours,
Et forme d'un bassin, les gracieux contours ;
Puis, quand par les frimas, dans nos bois exilée,
La bécasse nomade habite la vallée,
Et dans son vol du soir, cherche un bain de son choix,
Elle vient s'y plonger... pour la dernière fois.

(C'est ainſi, nous dirait un malin philosophe,
Que le plaisir souvent cache une catastrophe.)

Non loin de l'abreuvoir, sur le bord du ruisseau,
S'élève une charmille arrondie en berceau ;
C'est là qu'est le chasseur, dans une douce attente,
L'œil et l'oreille au guet, le doigt sur la détente.

Tout est calme ; le vent à peine fait frémir
Le feuillage où l'oiseau se cache pour dormir ;
La mésange se tait ; le merle seul encore
Fatigue les échos de son refrain sonore ;
Puis il se tait aussi ; le signal est donné,
La mouche noire [1] enfin, la mouche a bourdonné.

Ah ! vous dirai-je alors, comme le cœur bat vite !
Comme au bruit le plus faible, il tressaille et palpite !
... C'est la feuille qui tombe, ou le mulot qui fuit ;
C'est le lapin craintif sortant de son réduit ;
C'est le cri du hibou, le vol d'une corneille
Regagnant le rocher qui l'abrita la veille ;
C'est un coup de fusil tiré dans le lointain ;
C'est la cloche du soir... un murmure incertain.

Cependant le jour fuit, et l'ombre le remplace...
Un vol léger soudain annonce la bécasse ;
De loin, apercevant le perfide abreuvoir,
Au bord de la clairière elle se laisse choir.
Immobile elle écoute, et son œil noir qui brille,
Regarde tour à tour le bain et la charmille ;
Est-ce une onde innocente ? un affreux guet-à-pens ?
La crainte et le désir la tiennent en suspens...
Enfin vers le ruisseau, sans bruit elle se glisse,
Y plonge son long bec, se baigne avec délice...
Elle est sans crainte alors, le coup est plus certain,
Je vise... pan !... (La suite au numéro prochain.)

[1] Le scarabée stercoraire.

XVIII

LA PASSÉE ET LA CROULE

En prenant son vol tous les soirs pour se rendre dans les campagnes, la bécasse suit-elle toujours la même route?

Hippocrate dit oui, mais Galien dit non.

M. Léon Bertrand dit oui, M. le comte de Reculot dit non.

Jamais, dit celui-ci, je ne l'aie vue voler plusieurs jours de suite au-dessus des

mêmes arbres, ni suivre le même chemin pour se diriger vers les champs et les prés marécageux où elle vermille pendant la nuit.

Cette opinion n'est pas celle des gardes forestiers et des chasseurs qui connaissent les habitudes routinières de la bécasse ; et, comme le dit avec raison M. Léon Bertrand, une fois cantonnée pour quelques jours dans un taillis qui lui plaît, si elle a reconnu en plaine quelque pièce fraîchement labourée, ou quelque portion de prairie humide où le ver soit plus abondant qu'ailleurs, n'est-il pas naturel que son instinct la dirige sur ce point et qu'elle gagne la table où *son couvert est mis* en suivant au-dessus des chênes un itinéraire dont elle s'écarte peu ? « Ces excursions « quotidiennes, dit un excellent praticien, « se font avec une grande régularité ; « lorsque ces oiseaux ne sont pas inquié- « tés, ils suivent chaque jour la même « route, et vont pâturer aux mêmes en- « droits; cette uniformité est constante; « même pendant le jour, chaque fois qu'on « les fait lever, ils s'envolent par la même « éclaircie et suivent le sommet des mêmes « arbres; en plaine aussi, la route qu'ils « parcourent ne varie guère. »

J'ajoute un exemple concluant : il y a

quelques années, le même garde, placé au *même* endroit, a tiré *après* la *même* bécasse, qui passait à la *même* minute, entre les deux *mêmes* arbres, et ce, quatre jours de suite...

Au bruit de la détonation, les autres gardes disaient : Voilà encore Jean qui tire après *sa bécasse*.

Sa bécasse vole encore.

Les carrefours des bois, les vallons, les avenues droites qui conduisent aux campagnes, tels sont les postes où l'on attend la bécasse au passage.

Il faut se placer de manière à pouvoir tirer dans toutes les directions.

Les grandes clairières ne sont pas favorables, la bécasse y vole trop bas pour être facilement visée, ce n'est que lorsque sa forme se détache bien à l'horizon qu'on peut espérer de l'abattre; encore faut-il être doué d'un coup d'œil sûr et d'une grande prestesse.

Oiseau crépusculaire, elle vole le soir avec rapidité; pour peu qu'elle vous aperçoive, elle plonge ou fait le crochet, ce qui complique encore la difficulté résultant de l'obscurité naissante.

Pour cette chasse, dit Blaze, il faut avoir de bons yeux, et surtout être prompt à lâcher un coup de fusil, car la bécasse passe très-vite et toujours au moment où le crépuscule commence ou finit.

A cette époque, c'est-à-dire en automne, elle est silencieuse et n'annonce pas son passage; c'est le bourdonnement du bousier appelé chez nous *mouche d'affût* qui indique le véritable moment de la passée; celle-ci ne dure pas vingt minutes. D'Houdetot se trompe en disant que celle du matin dure davantage ; elle ne se prolonge pas au-delà de quelques minutes [1].

Comme on tire ordinairement de plus loin que pendant le jour, il est bon de charger les deux coups de n° 6, en en plaçant un peu moins dans le second canon, afin que la portée soit plus longue.

Il est indispensable d'être accompagné d'un chien d'arrêt pour retrouver la pièce tuée ou blessée ; sans ce secours, les ténèbres et la couleur de l'oiseau rendraient la chose impossible.

L'affût du printemps est plus agréable et offre plus de chances de réussite : les bécasses se hâtent alors de regagner les régions où elles doivent se reproduire, et quelques-unes sont déjà appariées.

[1] Il a reconnu cette méprise dans un de ses derniers ouvrages.

Aussi, tandis qu'en automne on ne les voit jamais qu'isolément au passage du soir, au printemps, elles volent souvent par couples.

Dans ce cas, le vol est plus lent, elles semblent jouer, se poursuivre amoureusement, se faire des agaceries; quelquefois elles sont tellement rapprochées, qu'un seul coup de fusil peut abattre le couple amoureux.

Cette bonne fortune est arrivée l'an dernier *à la mare aux joncs,* dans la forêt de Bondy; l'heureux chasseur a raconté lui-même ce coup magnifique dans le *Journal des chasseurs.*

Le nouveau sentiment que le printemps allume chez tous les oiseaux, donne à la voix de la bécasse deux phrases peu mélodieuses : *pitz, pitz,* qui semblent être un cri d'appel, et *crauw, crauw,* espèce de croassement singulier qu'on ne croirait pas provenir d'un oiseau : c'est le chant d'amour.

C'est de lui que vient sans doute le mot *crouler*, chasse à la *croule*, comme le mot *piper* a son origine dans la note *pitz*, le signal d'appel.

Pour ne pas en perdre l'habitude, les écrivains sont peu d'accord sur les mélodies de la bécasse.

D'après Toussenel elle dirait *pitt, pitt, corr, corr*.

D'après d'autres : *fitz - fitz*, *grauw-grauw*, ou *pitz, craum*.

Buffon trouve le chant plus varié : *pidi, pidi, gogo, couan, frou-frou, cri-cri*.

Vous voyez, mon cher Edmond, l'immense difficulté de traduire en français les langues étrangères.

La *croule* ne dure pas plus que la passée d'automne. Elle commence au moment
où cessent le chant de la grive et le gazouil-
lement mélancolique du rouge-gorge ; vul-
gairement parlant vers six heures et demie.

Le petit instrument, *fig*. A, que l'on

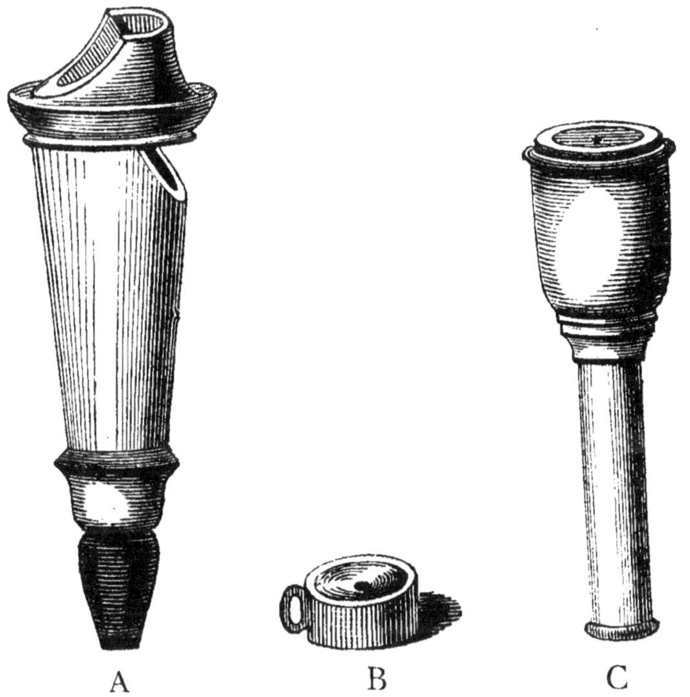

trouve chez les marchands, sous le nom
d'appeau à la bécasse, ne peut évidemment servir qu'à *crouler* ; encore ne suis-je

jamais parvenu à en obtenir un son qui eût quelque analogie avec le croulement de la bécasse.

Mais on l'attire assez bien en *pipant* au moyen du petit sifflet, *fig*. B, dont se servent les oiseleurs pour prendre aux filets les *béguinettes,* ou alouettes des prés. Je vous engage seulement à soigner vos intonations; la bécasse est meilleure musicienne qu'on ne le croit communément; si par malheur il vous échappe un faux ton, elle fera comme le chien de Jean de Nivelle.

Le dernier appeau, *fig*. C, sert à piper : on ne l'emploie qu'en aspirant.

En terminant ce chapitre, je vous dirai : N'essayez pas de la chasse à la passée du crépuscule à moins que vous ne soyez doué d'un coup d'œil sûr et que vous n'ayez acquis une grande habileté dans l'art d'épauler, de viser, et de presser vivement la détente; ces trois mouvements doivent être souvent presque simultanés; aussi le sportsman Lambin ne réussira jamais dans cette spécialité difficile. Connaissez-vous l'histoire de ce brave chasseur? Si vous me répondez affirmativement que non (style de gendarmerie), je vais vous la dire; vous vous apercevrez *peut-être* qu'elle est aussi formulée en vers; je vous en demande bien pardon.

LAMBIN ET PRESTEAU

Deux amis dans un champ, se promenaient un jour;
Comme ils étaient chasseurs, ils parlaient peu d'amour,
Mais ils parlaient de chiens, de fusils, de battues,
De lièvres culbutés, de perdrix abattues;
De sangliers, de loups... enfin nos deux farceurs
Mentaient à qui mieux mieux comme de vrais chasseurs.
Soudain, près d'un sillon qu'un peu de mousse abrite,
Apparaît un beau lièvre endormi dans son gîte;
L'un et l'autre ils l'ont vu... mais chacun *in petto*
Se dit : Il est à moi... je reviendrai tantôt.
Sous un adroit prétexte on se quitte en silence
On s'éloigne, et chacun vers son logis s'élance...
Chacun n'est pas le mot, car un seul s'élançait,
Et l'autre à pas comptés gravement s'avançait.

Presteau (c'est le premier) en quatre bonds arrive,
Prend son fusil, le charge, et sans crier Qui-vive,
Approche à pas de loup la victime qui dort,
Il vous l'ajuste et pan... le capucin est mort;
Dans le gîte aussitôt avec adresse il place
Un antique manchon rembourré de filasse;
Et riant de la farce, il s'éloigne en secret...

Mais que faisait Lambin? Lambin délibérait.
« Mettrai-je, disait-il, mon habit ou ma blouse,
« Du plomb numéro huit, ou bien numéro douze? »
La question est grave; il balance indécis,
Puis opte pour la veste et le numéro six...
Puis la poudre est humide... au soleil il la sèche;
Puis il faut un peu d'huile à ce ressort revêche;
Puis musant le *Freichutz*, il attache à loisir
Les quarante boutons de ses guêtres en cuir.
Puis il cherche Médor... il détache Robine...
Puis... puis. . mais à mon tour... voilà que je lambine
Bref, enfin il s'avance en lambinant toujours
Et tire au lieu du lièvre... une vieille peau d'ours.

—

Aisément de ce conte on saisit la morale :
Profitez du moment... la lenteur est fatale...
En amour, comme en chasse, écoutez la leçon :
Le succès au plus preste; au musard... le manchon.

N'avais-je pas raison de dire que Lambin ne réussirait guère à la passée de la bécasse?

XIX

RARETÉ PROGRESSIVE DE LA BÉCASSE

Le nombre de ces oiseaux voyageurs semble diminuer graduellement dans tous les pays.

M. le comte de Reculot, lieutenant de louveterie dans le Jura, dit que sans être un tireur parfait, il lui arrivait, il y a une cinquantaine d'années, de tuer 10 à 12 bécasses en un jour.

En Belgique, des chasseurs adroits en faisaient autant, et spécialement dans la province de Namur ; je pourrais citer bien des noms honorables qui se sont illustrés dans ce genre de sport.

Un mien parent (je ne le cite pas pour son adresse, comme vous allez le voir), un mien parent, vers cette époque, un jour de Saint-Hubert, a tiré plus de quarante coup de fusils *après* les bécasses… Il est parvenu à en abattre deux qu'il aperçut à terre !… Je tiens la chose de sa propre bouche, et vous pouvez y ajouter foi ; ce n'est pas un vantard.

Dans l'Entre-Sambre-et-Meuse on pouvait tirer jusqu'à cinq bécasses à l'abreuvoir en une soirée.

Que les temps sont changés !!!

En 1861, le comte de Reculot est revenu quinze fois de suite *bredouille* de la chasse

à la bécasse! « De colère, dit-il, j'ai mis
« mon fusil au clou, en renonçant à une
« chasse qui jadis a été pour moi une vé-
« ritable passion. »

Comment expliquer la disparition de
cet oiseau, non-seulement du Jura et des
départements voisins, mais de tous les
pays où il abondait autrefois?

A-t-il changé de direction à son double
passage, et l'Europe ne se trouve-t-elle
plus dans son nouvel itinéraire? ou bien
l'espèce elle-même a-t-elle diminué?

Cette dernière hypothèse paraît être
la plus vraisemblable, quand on pense à
l'énorme destruction que l'on en fait au
moyen de piéges dans certaines contrées,
les Ardennes, la Bretagne, etc.

Le nombre toujours croissant des chasseurs, la perfection des armes, le défri-
chement des forèts, etc., ne sont pas aussi

sans influence sur cette calamité ; du reste, pour résoudre le problème, il faudrait pouvoir constater par une statistique *ad hoc,* que la même diminution se fait sentir dans toutes les contrées de l'univers ; je ne me charge pas de la vérification ; et vous ?

Si vous aimez à voyager, voici les contrées privilégiées que je signale à votre attention :

M. de Merle a visité en novembre 1857, les sites montagneux de Lépines (Hautes-Alpes). Il fait une description pittoresque des points culminants qui charment les regards ; des forêts de verdure, etc., etc. Puis il parle d'un bois de pins, hauts et bas de tige, dont le sol est couvert d'un tapis de mousse de 10 à 15 centimètres d'épaisseur. « C'est là, dit-il, que les chas-
« seurs poursuivent les bécasses qui y sont
« d'ordinaire très-nombreuses, surtout à
« la fin d'octobre ; et l'on peut dire que

« sauf quelques fourrés qui gênent la cir-
« culation, rien ne peut y rendre une bat-
« tue pénible. » Il ajoute : « Quelques per-
« sonnes dignes de foi m'ont affirmé que
« deux chasseurs de Nyons, à la fin d'oc-
« tobre 1856, en trois jours, y ont vu plus
« de 200 bécasses contre lesquelles ils ont
« épuisé plus de *deux sacs de plomb!*

Vous voyez qu'il y a encore de la res-
source; allez visiter le beau département
de la Drôme, mais n'oubliez pas de vous
faire accompagner d'un porte-faix au lieu
d'un porte-carnier.

Le trajet vous paraît-il un peu long ? partez pour la Bretagne dont le soleil est si beau ! d'Houdetot, à quelques lieues de la mer, dans des petits bois disséminés, *a vu* tuer, en une seule journée, *cent et cinquante bécasses* par trois chasseurs.

Oh ! grand saint Hubert !!! mon bon patron, n'êtes-vous pas aussi un artiste en prothèse dentaire ; *vulgo*, arracheur de dents ?

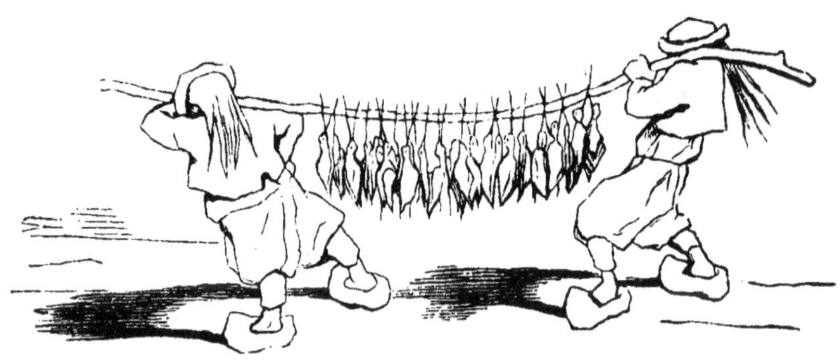

XX

CUISINE

Je suppose, mon cher Edmond, que vous n'êtes pas plus gastronome que votre professeur, et je n'écris ce chapitre, ou plutôt je ne le copie, que pour Mme votre mère; vous allez tuer tant de bécasses! Il faut bien qu'elle sache varier la manière de les accommoder...

Vous savez que chasseurs, naturalistes, écrivains cynégétiques, tous sont en désaccord complet en ce qui concerne la bécasse; tous au contraire sont d'une unanimité touchante pour reconnaître l'excellence de ce mets délicieux.

On conteste les qualités morales, intellectuelles de l'oiseau, personne n'oserait mettre en doute ses qualités culinaires; aussi, à quelle sauce ne l'a-t-on pas mis?

Bécasse à la broche.

Bécasse rôtie à l'anglaise.

Croûtons de purée de bécasse.

Filets de bécasse en canapé.

Pâté de bécasse.

Ragoût de bécasse.

Salmis de bécasse.

Salmis de bécasse à la bourgeoise.

Sauté de filets de bécasse.

Sauté de filets de bécasse à la provinciale.

Soufflé de bécasse.

Terrine de bécasse à l'ancienne mode, etc., etc.

Vous ne tenez pas à ce que je vous donne toutes ces recettes? Vous avez raison, je les connais peu; je ne puis cependant me refuser au plaisir d'en signaler une du plus gourmand et du plus spirituel des chasseurs, d'Elzéar Blaze :

« La bécasse est un excellent gibier « quand elle est grasse. Elle est toujours « meilleure pendant les gelées; on ne la « vide jamais. En pilant des bécasses dans « un mortier, on fait une purée délicieuse;

« si l'on met sur cette purée des ailes de
« perdrix piquées, on obtient le plus haut
« résultat de la science culinaire. *Autre-*
« *fois quand les dieux descendaient sur*

« *terre, ils ne se nourrissaient pas autre-*
« *ment.* »

Vous voyez que j'ai bien fait de trans-
crire cette recette; on n'est pas fâché de
se nourrir *à l'instar des gens comme il*
faut...

La bécasse n'est réellement savoureuse

que lorsqu'elle est un peu faisandée [1]; or, dans cet état, les intestins s'altèrent et perdent une partie de leur saveur; ils sont pourtant très-appréciés par les amateurs; comment faire pour que la chair soit faisandée, et que les intestins restent frais?

Un Anglais dont je suis triste que M. Lavallée n'ait pas divulgué le nom pour le transmettre à la postérité, un Anglais est parvenu à résoudre ce problème, il faisait toujours mettre deux bécasses à la broche, une anciennement tuée pour la chair, et une nouvelle pour les intestins.

O science de la gueule, quel progrès vous ont fait faire nos Apicius modernes! La vie est plus courte, dit-on, et cependant on la sustente de tant de manières nouvelles! peut-être on la sustente trop.

[1] Quand le dessous du pied est desséché, dit Clamart. Cette indication ne me semble guère satisfaisante.

J'oubliais de vous dire que la jeune bécasse est plus tendre, mais n'a pas assez
de fumet ;

Qu'au mois de mars au contraire, elles
ont toutes trop de fumet, et sont sèches,
maigres et dures.

A cette époque, on devrait s'abstenir de
les tirer, dans l'intérêt de la propagation;
la gastronomie n'y perdrait rien. Mais
pour cela il faudrait que l'on fût d'accord;
la Belgique ne peut donner l'exemple; ce
serait un marché de dupes…. Je rumine
depuis longtemps un pacte international
dans lequel interviendront tous les peu-
ples du monde… et de la banlieue; j'aurai
soin de vous le communiquer.

XXI

CONCLUSION

Exegi monumentum. J'ai fini.

Si vous avez eu la patience de lire avec attention mon manuscrit, vous savez maintenant :

Que la bécasse a le bec long et les pattes courtes.

Qu'elle est très-rusée ou très-stupide.

Qu'elle nous vient du Nord, ou de l'Est, ou de l'Ouest, peut-être des quatre points cardinaux et de tous les points intermédiaires.

Que son vol est ascensionnel ou horizontal, lent ou rapide, régulier ou varié comme un thème de *Paganini*.

Qu'il faut la tirer quand on peut, et comme on peut.

Que ce tir est très-difficile ou très-facile.

Qu'elle chante *fitz* ou *pitt, corr* ou *couan*, ou *grauw*, ou *gogo*, ou *frou-frou*, ou même *cri-cri*.

Et qu'elle est bonne à manger.

Enfin, grâce à moi, vous devez être convaincu de la vérité de la sentence par laquelle j'ai débuté :

Amplius invenies in sylvis quam in scriptis.
« Les bois vous instruiront mieux que les livres.»

ÉPILOGUE

LA BATTUE [1]

EPITRE A M... A PROPOS DU TABLEAU DES TRAQUES

DANS LA PROVINCE DE NAMUR

Le soir quand tout se tait dans la forêt plus sombre,
Que dites-vous, Monsieur, du manant qui, dans l'ombre,
Perché comme un hibou, sur la branche d'un pin,
Assassine à dix pas un malheureux lapin ?

[1] « C'est une chasse, sans fatigue, sans action, pour ainfi
« dire, sans imprévu d'ailleurs et sans vérité : *ce n'est pas*
« *une chasse.* » (Louis Viardot, *Souvenirs de chasse.*)

Que dites-vous aussi de ce chasseur imberbe
Qui foudroie un levraut flâtré dans son lit d'herbe?
Vous êtes furieux et vous avez raison;
Ce crime est selon moi digne de pendaison;
L'adresse seule excuse en chasse quand on tue;
Et cependant, Monsieur, vous chassez en battue!
Vos Nemrod de boudoir, en bouchers travestis
Consomment avec vous un ignoble abattis;
Puis après, un tableau richement ridicule,
Résumé glorieux de vos travaux d'Hercule,
Transmet en lettres d'or à la postérité
Les noms de ces héros qui l'ont tant mérité!
« Le baron a tué vingt lièvres; on en compte
« Dix-huit au chevalier, trente à monsieur le comte;
« Au marquis trente-deux, le duc, son digne ami,
« A pour sa quote-part, deux lapins et demi[1]. »

Et demi! vous riez... la chose est authentique,
C'est par la fraction qu'on brille en statistique;
Mais qu'importe! en eût-il tué plus de deux cents,
Ou plus qu'Hérode un jour n'immola d'innocents,
Signalant un abus que l'usage consacre,
Je dirais : Monseigneur, vous êtes un massacre!
Quelle gloire en effet! éveillé par le bruit
Le lièvre à petits bonds sort du gîte et s'enfuit;
Il va, vient, il s'arrête... il écoute immobile,
Pan... vous l'assassinez... vraiment c'est fort habile,
Inscrivez au tableau cet exploit éclatant;

[1] Lorsqu'une pièce de gibier est tirée par deux chasseurs,
elle compte comme demie à chacun d'eux... pourquoi?

Avec un parapluie on en a fait autant [1]
Et voilà le plaisir qu'aujourd'hui l'on renomme,
L'amusement chéri du parfait gentilhomme!
Fi donc! votre battue est un sot abattoir.
Oh! lorsqu'il faut braver quelques coups de boutoir,
Quand de vingt sangliers, la cohorte sauvage,
Parcourt en vermillant les blés qu'elle ravage,
Alors traquez en force, envoyez vos lingots,
Frappez laie et quartans, marcassins et ragots.
De la chasse, en ce point, le code est explicite,
Contre les maraudeurs, la battue est licite;
A compère le loup, comme à maître renard,
On peut même au besoin tendre le traquenard;
Mais frapper, sans adresse, un gibier sans défense,
C'est au grand saint Hubert une cruelle offense,
Et ce grand saint de plâtre en sa niche de bois
A dû verser des pleurs comme un cerf aux abois.
Pour calmer sa tristesse et sa juste colère,
Tentez d'autres exploits, si vous voulez lui plaire;
Arrêtez le lapin rapide au déboulé;
Que le lièvre au départ, soit franchement roulé;
Malgré les trois crochets qu'en l'air elle dessine,
Calottez dans son vol la preste bécassine;
La bécasse avec bruit s'élève d'un gaulis,
Elle pointe, elle atteint la cime du taillis,
Saisissez le moment et pressez la détente,
Car soudain un détour va tromper votre attente.
Voilà de vrais plaisirs sans honte et sans remords;
Notez chaque *brouette*, enregistrez les morts,

[1] Historique.

Et de vos coups heureux, si le nombre surpasse
Celui des coups perdus, égarés dans l'espace,
Au titre de *Freichutz* je proclame vos droits.
Laissez donc aux conscrits vantards et maladroits,
Laissez le triste honneur d'un facile carnage,
Et ne le prenez point sous votre patronage.
Enfin, un mot encore, et je clos les débats :
Un sportsman chasse et tue, il n'assassine pas.

POST-SCRIPTUM

C'est pour vous seul, mon cher Edmond, que j'avais écrit ces pages, et vous voulez les livrer à la publicité !

Ne prévoyez-vous pas les dangers auxquels vous allez exposer la tête de votre professeur ?

Écoutez :

J'ai traité le coq, l'oiseau chéri des Anglais, de sultan vantard et ridicule ; la fière Albion ne me le pardonnera pas.

Et la France ? Je ne suis pas trop rassuré à son égard, car j'ai montré peu de sympathie pour l'aigle déprédateur.

Ces deux puissances vont peut-être se coaliser et me traiter comme un Mexicain en exigeant de moi une double réparation.

Il est vrai que je me suis efforcé de réhabiliter le noble volatile des contrées septentrionales. De ce chef, j'ai lieu d'espérer que les souverains de ces froides contrées prendront chaudement ma défense. Mais une guerre européenne, mon Dieu ! et à propos de la bécasse, ce doux gibier qui craint tant les coups de fusil !

Supposons que les puissances restent calmes ; croyez-vous que les écrivains dont j'ai contrôlé l'opinion puissent résister au désir de me chercher noise ?

Eux qui s'entendent rarement, ne vont-ils pas d'un commun accord m'assaillir à coups de bec de plume ? *unguibus et rostro ?*

Puis les fameux sportsmen qui ne connaissent d'autre chasse que la battue, ne me traqueront-ils pas à mon tour pour avoir flétri de mes sarcasmes un usage funeste ?

Coalition des puissances ;

Coalition des écrivains cynégétiques ;

Coalition des massacreurs.

Trident terrible suspendu sur ma tête comme l'épée de Damoclès !

Comment m'y soustraire ?

Je ne connais qu'un moyen : annoncer *urbi et orbi* que cet opuscule est la traduction peu littéraire, mais très-littérale, d'un ouvrage groënlandais ; ajoutez que le dernier exemplaire de cette œuvre magnifique se trouve en la possession de M. Rambler, l'ami intime du célèbre M. Dumortier.

Si l'on demande d'autres explications, ne répondez pas ; le silence est un argument sans réplique : *argumentum fapientiæ*.

A ces conditions, mon cher Edmond, je vous accorde volontiers mon *imprimatur* et ma bénédiction; vous voyez que je vous traite comme un fils.

Sylvain,

Traducteur du Suarsuksiorpok.

TABLE DES MATIÈRES

Evreux, A. HÉRISSEY, imp — 1069

Nouveau traité des chasses à courre et à tir, par le baron DE LAGE DE CHAILLOU, officier de la vénerie impériale; A. DE LA RUE inspecteur des forêts de la Couronne; le marquis DE CHERVILLE. 2 vol. in-8°, illustrés de nombreuses figures dans le texte............ **20 fr.**
  Le même, imprimé sur papier vergé .... **40 fr.**
  Il n'en a été tiré que 50 exemplaires.

Chasse. — Soixante années de chasse. Pratique de la chasse, par J.-A. CLAMART, 2e édition. 1 vol. in-18, orné de figures............. **3 50**

Chasseurs. — Conseils aux chasseurs. Manière de peupler et d'entretenir une chasse de menu gibier; élevage du gibier, etc., par BEMELMANS, 1 vol. in-18, orné de figures...... .... **3 50**

Chasseur infaillible. — Le Chasseur infaillible, Guide complet du sportsman contenant l'usage du fusil, le tir, le vol des oiseaux, le dressage des chiens, par MARKSMAN, traduit de l'anglais sur la 3e édition par Ch. KERDOEL, augmenté d'un appendice sur le tir de la caille, des oiseaux de marais et du gibier de mer. 1 vol. in-18, orné de 14 figures.. **3 50**

Chevaux. — Conseils aux acheteurs de chevaux, ou Traité de la conformation extérieure du cheval à l'état de santé ou de maladie, avec de nombreuses instructions pour l'appréciation, avant la vente, des vices, défauts, affections, etc., suivi de la loi sur les vices rédhibitoires et la garantie du vendeur, par JOHN STEWART, trad. de l'anglais par le baron D'HANENS. 1 vol in-18 orné de figures **3 50**

Chevaux. — Conseils aux éleveurs de chevaux par DU HAYS. 1 vol. in-18. Fig........ .... **3 50**

Chien de chasse (*Du*). Chiens d'arrêt, espèces et variétés, élevage, hygiène, nourriture, maladie, éducation, dressage, par les auteurs du *Nouveau Traité des chasses à courre et à tir.* 1 vol. in-18 avec figures.... **2 50**
  Le même, imprimé sur papier vergé...... .... **5 fr.**
  Il n'en a été tiré que 50 exemplaires.

Chien de chasse (*Du*). Chiens courants, espèces et variétés, élevage, hygiène, nourriture, maladies, éducation, dressage, par les auteurs du *Nouveau Traité des chasses à courre et à tir.* 1 vol. in-18 avec figures et un plan de chenil chromo-lithographié.................... **3 50**
  Le même, imprimé sur papier vergé............................ **7 fr.**
  Il n'en a été tiré que 50 exemplaires.
  Ces deux ouvrages sont extraits en partie du *Nouveau Traité des chasses à courre et à tir.*

Coq de bruyère (*La chasse au*). Histoire naturelle, mœurs, lieux habités par ces oiseaux. L'art de les chercher, de les tirer, de les élever en volière, par LÉON DE THIER. 1 vol. in-18. Fig. **2 50**

Écurie. — Économie de l'Écurie. Traité de l'entretien et du traitement des chevaux (écurie, pansage, nourriture, boisson, travail), par JOHN STEWART, traduit de l'anglais sur la 7e édition par le baron D'HANENS. 1 vol in-18 orné de figures. **3 50**

Cailles, Perdrix, Colins ou Cailles d'Amérique. — Guide pratique pour les élever, etc., par ALLARY. Édition augmentée d'un chapitre sur *l'Incubation artificielle,* par A. LEROY. 1 vol. in-18. Fig. **1 50**

Chasse. — Carnet de chasse. In-18 oblong, cartonné, toile anglaise **2 50**

Chasse aux petits oiseaux. — Manuel du tendeur, récit de chasse aux petits oiseaux, *Alouette, Bec-figue, Ortolan,* suivi d'une notice sur le *Rossignol,* par J. CRAHAY. 1 vol. in-18...................... **1 25**

Faisans, Canards mandarins, Cygnes, etc. Guide pratique pour les élever, par ARTHUR LEGRAND. 1 vol. in-18 avec figures. .... **2 fr.**

Oiseaux de volière (*Manuel de l'amateur des*), ou Instruction pour connaître, élever, conserver et guérir toutes les espèces d'oiseaux que l'on aime à garder en volière ou dans la chambre, par BECHSTEIN. Traduit de l'allemand sur la 2e édition. 1 vol. in-18. .... **3 50**

Rossignols. — Manuel sur l'art de prendre vivants et d'élever les rossignols, par CONORT. 1838. In-18.......................... **2 50**

ÉVREUX, A. HÉRISSEY, imp. — 1069